當整理卡關時

獨居、同住都能實踐的零雜物生活

Phyllis 著

第一關　「動機」

為什麼缺乏整理動機，知道方法卻提不起勁？

第二關「共識」

同住之人的觀念不同，難達成共識的溝通法

第三關「計畫」

亂到無從下手時，建立取捨框架、設定目標

第六關「定位」
不會分類、不擅收納，如何替物品定位

第七關「自在」
缺乏空間自主權，也能與同住之人和平共處

前言

檢視你的零雜物之旅，卡關是因爲豬隊友還是自己？

源起

新冠肺炎疫情期間，大家待在家裡的時間大幅增加，對住處感到不滿的程度也直線上升。我靈機一動，在二〇二〇年四月著手策畫了一個線上整理挑戰營，並於該年度的六月份上線。至今，我已經舉辦過二十七期與居家整理相關的線上挑戰，吸引了來自世界各地的近三千人參與。

學員中有九成九是女性，顯然較關心整理收納議題，或認爲維持屋況乃分內之事的人，幾乎全爲女性。不過，仍有受不了妻子物品太多，想尋求解決之道，或看到妹妹整理功力大增，渴望跟進學習，以及試圖在搬家前將物品減量，而主動報名的少數男性。

一開始的挑戰營爲期二十一天，學員們連續三週，每天都有一類物品或一個區域必須整理。不少人覺得自己被操到壓力爆表，也有人因爲加班、出差、生病或各種突發事件，在中斷幾日後索性放棄。有鑑於此，後來挑戰營改版爲三十天，其後又重新製作並折衷成爲期二十八天的「零雜物大挑戰」。參與者可趁週休二日放鬆身心、補上進度，或是將雜物送出家門。後期的學員坦言，這種安排確實令他們較具續航力。

無論天數多寡，能從頭到尾完成所有任務的學員，大多取得了令人讚歎的成果。有人因爲物品減量而移居小宅，減輕了房貸壓力；有人因爲屋況改善，將老屋賣出了高價；有人因爲居家環境變整潔，連愛犬的脾氣也跟著變得溫和；還有人因爲回娘家大秀整理肌肉，而讓媽媽打消了換屋念頭。

看到學員的蛻變，我由衷感到欣喜。可惜的是，有半數學員就只是觀望而已。他們或許習慣囤書、囤課，以爲買了書、看了線上課程，雜亂的屋況便能改觀；他們或許以自家的屋況爲恥，以至於不敢在學習社團中貼出整理前後的照片，錯失了讓老師和助教點評的機會。

然而，有交作業的另一半學員，也可能基於各種因素半途而廢。做爲課程帶領者，我自然想了解他們卡關的原因，而每週一次的線上直播互動，正是挖掘問題的最佳時機。從上百次的直播提問中，我發現有近六成的整理困境來自於家人的掣肘，有兩成來自於對自己的不了解，另外兩成則是礙於空間條件或經濟能力，致使整理進度無法持續。

這不禁令我想到，多數以整理爲主題的書籍，要麼著重於「**道**」，要麼著重於「**術**」。前者多半論及系統性和原則性的大方向，說明在物質泛濫的今時今日，何以需要清除雜物，追求簡約；後者則講述如何局部性和技術性地運用工具，藉以化解某種收納困境。過去十年，坊間這類書籍如雨後春筍，可以說「斷捨離」的思維已深入人心，收納案例亦隨處可見，極簡甚至成了無法忽視的當代潮流。

關於「道」的部分，我在《零雜物》一書中已有所著墨，於此不再贅述，而且我相信會拿起這本書的你，肯定也是「同道中人」。至於「術」的部分，大家在執行初期大多卡在沒有動力和不知從何開始；開始後則大多卡在「**關係**」上，無論是你與物品的關係、你與自己的關係，或是你與他人的關係。

換句話說，即使你知道自己需要精簡物品，也明白該如何收納，偏偏就是無法展開行動。而且就算你付諸行動了，此時若是長輩阻止你丟，伴侶不想配合，小孩不受控制，姊妹淘還使勁地把自己不想要的東西往你家送，那麼買了書、上了課，既接納了「道」，也研習了「術」的你，還是什麼都做不了，或是做了之後仍舊不斷復亂。

更進一步來說，空間條件和經濟能力上的限制，有時也是衍生自「關係」，例如空間的使用權是長輩說了算，你只能看著公共區域亂七八糟而無法插手；抑或是你想花自己賺的錢將收納用品換成更賞心悅目的款式，另一半卻斷然阻止還批評你浪費，而他的理由往往是：「東西又沒壞，為什麼非換不可？」諸如此類的事情，每每教人心灰意冷。

整理的困境

為了協助學員們突破關卡，我興起了寫書的念頭，於是自二〇二三年八月下旬起，我在《零雜物》臉書粉絲頁上進行了為期兩個月的線上調查。我想知道，除了

「至少」有心面對雜亂屋況而報名課程的學員外，一般人是否也面臨了同樣的難題。

這份問卷並非學術調查，我個人也不具設計和分析問卷的專業，而以「一般人」描述問卷塡寫者亦稱不上精準，畢竟我的粉絲頁追蹤者有八八%以上是女性，而且還是一群對整理收納和空間設計感興趣的人。相較於普羅大衆，他們更容易意識到雜亂的存在，也更傾向於排除雜亂。但即使如此，我相信它在某種程度上，仍透露了不少有意義的訊息。

Google表單的統計結果顯示，在塡寫問卷的五百人中有五十三人獨居，占比爲一一%。在與他人同住的四百四十七人中，有七五・八%認爲自己在清除雜物、整理收納時，曾經因爲他人（父母／公婆／伴侶／子女／其他）而遭遇挫折或阻礙，只有二四・二%的人認爲同住者不礙事。在我的學員裡，有近六成的人認爲整理困境來自於家人的掣肘，看來一般人受同住者負面影響的比例又高出了一成。

爲了描述方便，我姑且將這些同住者稱爲「豬隊友」，而排名前三的豬隊友依序是：占比四〇・一%的伴侶（這裡指的多是男性）、占比三五・一%的父母，以及占比五・九%的公婆。換句話說，同住的長輩就占了四一%，比例和伴侶不相上下。而大家想像中可能是家中亂源的小孩，其實只占了九．一%，還不到總數的一成。

至於豬隊友們是如何造成阻礙和困擾的呢？我將占比超過兩成的可複選選項，由高至低依序排列如下：

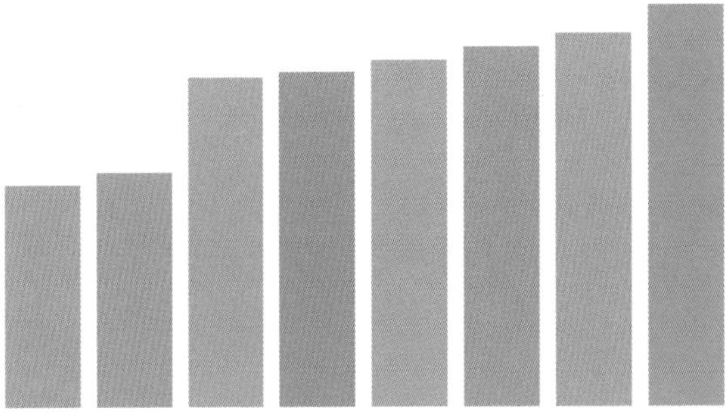

- 45.4% 他東西很多，但勸他斷捨離時會反抗、生氣、跟我吵架或冷戰。
- 42.2% 我清出一個空間，他很快就會用他的東西填滿那個空間。
- 40.7% 他認為我浪費，我丟東西會被他唸，丟掉之後還會再被他撿回來。
- 39.2% 只有我一個人在整理，其他人覺得事不關己。
- 37.8% 我一整理完，他很快就會再弄亂。
- 37.2% 他認為我無權干涉他的物品，儘管他的行為影響了我的居住品質。
- 26.5% 他老是買一些廉價品和小東西回來，導致家裡看起來又醜又雜亂。
- 25.1% 他有囤積症，家中堆放大量物品，我被迫住在屋況很糟的環境裡。

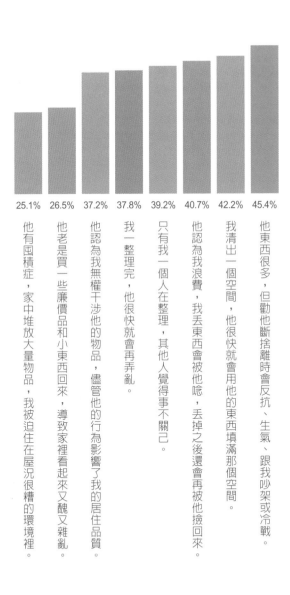

可以看到，這些原因大多關乎豬隊友的價值觀和生活習慣，而它們有很大的機率是承襲自對方的原生家庭。下面就來談談，在改善屋況方面被視為豬隊友的長輩和伴侶，在這份問卷中主要呈現出哪些惱人的行為，而我從問卷留言和過往學員提問中所觀察到的各種現象，也會一併補充於此。

豬隊友是父母

同住父母最讓子女受不了的行為就是過度惜物、愛買便宜貨，喜歡接收親戚不要的舊物，卻什麼東西都不肯丟掉。某些長輩還有囤積行為，家中充斥大量雜物導致居住品質低落，但他們依然故我，毫不在意子女感受。有個女兒在問卷中為父母緩頰，她說：「其實他們的父母生活習慣也很差。」因此，她能理解父母何以如此度日。

然而，居住在糟糕的環境中，子女自然會想動手整理，無奈房子是爸媽的，在屢勸不聽甚至可能引爆衝突的情況下，他們逐漸明白，除了自己的房間之外，對其餘的空間沒有管轄權，只能任由屋況持續混亂。有時子女想丟掉自己不要的物品，還會惹來父母的一頓數落，他們因此體悟到，就算擁有自己的房間，依舊沒有自由可言。

有些子女表示「想搬家，但是沒錢搬不出去」；有些子女因爲「父母過度保護＋情勒」，不被允許搬出家門；有些子女受不了屋況想出走，但「父母生病需要照顧，無法離開」；有些子女則是已經放棄說服父母，坦言「只能顧好自己的領域，因爲極端勤儉的觀念很難動搖」，或退而求其次地認爲「他們沒有動我的房間就沒關係」。

基本上，這些子女在居住空間方面，不是在將就，就是在忍耐。他們相信，唯有等到長輩辭世，才有機會清掉一屋子的陳年舊物。

豬隊友是公婆

同住的公婆最讓媳婦受不了的行爲，跟娘家的爸媽差不多，同樣是過度惜物、有囤積行爲，和生活習慣很差這幾點。基於不是自己的爸媽，媳婦多半敢怒不敢言，會冒著「黑化」風險執意整理的人不多。身爲沒有血緣關係的外人，觀念較守舊或沒有經濟能力的女性，通常會選擇默默忍受，因爲「公婆的房子，再亂都無權整理」。

有時「老公的手足生活習慣差，但公婆不管」，也令媳婦們對改善屋況不抱希望。更教她們難以接受的是，孩子出生之後空間不夠用，例如原本跟老公睡一房，大寶出生後變成三人睡一房，二寶出生後變成四人睡一房，一家人被迫窩在一個塞滿衣服、書籍、玩具和雜物的空間內，於是不僅公婆使用的公共區域雜亂無章，自己僅有的小空間也同樣亂到不行。

在缺乏隱私、沒有自主權、空間又極爲局促的情況下，很多住在公婆家的女性們，最渴望的莫過於買一間房子，讓自己的小家庭可以搬出去住。只可惜，她們的遭遇大多與下面這則留言雷同，那就是：「老公說將來有錢會搬出去，卻始終沒搬。」

豬隊友是伴侶

同住伴侶最讓人受不了的行爲依舊是過度惜物，外加過度購買和不做家事。過度惜物反映在保留陳年的3C用品和各種商品的紙箱上，也反映在保留從小到大的課本、漫畫、書籍和影音光碟上。部分苦主表示，伴侶愛留東西也罷，竟然還「不准我丟東西，即使那是我自己花錢買的」，而且一丟就會引發爭吵，於是家裡的雜物也就變得越來越多。

過度購買的行爲男女皆然。男性傾向於單次購入過多的生活備品，例如一整年分的洗髮精、衛生紙或保鮮膜；女性則是愛買衣服、彩妝保養品、人氣零食，和好幾年後才可能派得上用場的兒童家具和繪本套書。這些物品往往很占空間，視覺上也容易顯得雜亂，而且還會影響家庭收支！然而最教人沮喪的伴侶類型，當屬既是購物狂又有囤積傾向的那一種，也難怪有不少人考慮要和這類豬隊友分道揚鑣了。

家事分工不均，是豬隊友伴侶帶來的另一個痛點。如果雙方都做家事，女性就不至於抱怨「都我一個人在整理」，或是「一整理完他就把家裡弄亂」了，反正雙方都承擔了恢復屋況的責任。但男性對屋況常常是一副事不關己的模樣，於是看不下去、主動收拾的仍以女性居多。或許有人認爲，這在男主外、女主內的傳統家庭中是常見現象，可是我必須說，有不少身爲家中經濟支柱的女性，照樣包攬了幾乎所有的家事，而她們的伴侶只是成天在家打遊戲、玩股票而已，眞是情何以堪。

如何因應整理困境

那麼這七五・八%的苦主們，之前是怎麼應付豬隊友的呢？我在問卷中提供了可複選的選項，其調查結果如下：

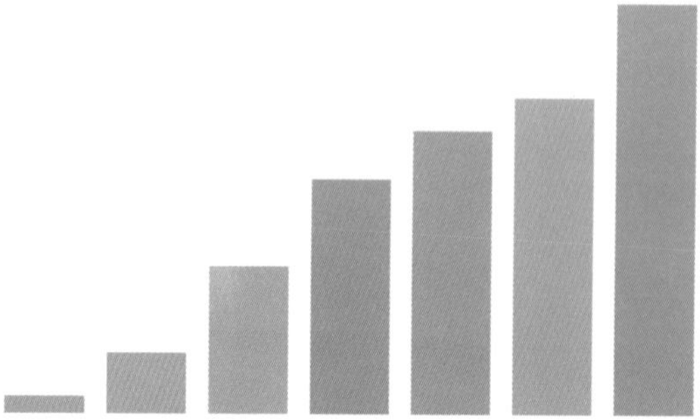

- 50.1% 住在他的房子裡只好忍耐，我整理能整理的部分就好。
- 38.6% 會生氣、懊惱，但最後還是會默默收拾整理。
- 34.5% 放給它亂。
- 28.6% 勸說並提供協助，說服不了就自己動手，不管他怎麼想。
- 18% 吵架。
- 7.4% 搬出去，眼不見為淨。
- 2.1% 花錢找整理師，請他發揮專業，解決我的問題。

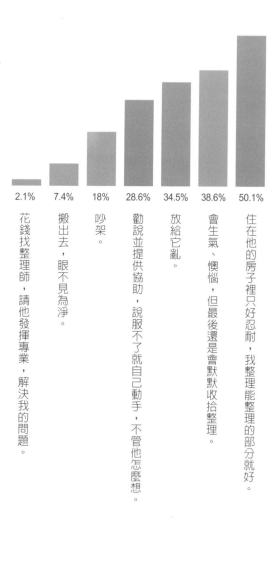

由此可見，追求屋況整潔而忍不住去收拾的人仍占了多數，但其中也有三成四的人，被豬隊友折磨到決定對屋況擺爛，甚至有七．四％的人乾脆搬家了事。於是我緊接著詢問苦主們想要如何改變現狀。這一題同樣是複選題，其調查結果如下：

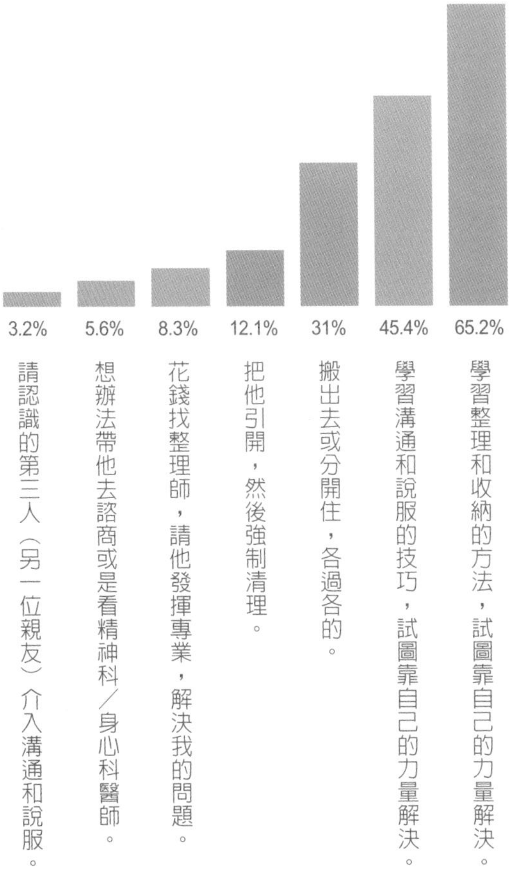
65.2%
學習整理和收納的方法，試圖靠自己的力量解決。
45.4%
學習溝通和說服的技巧，試圖靠自己的力量解決。
31%
搬出去或分開住，各過各的。
12.1%
把他引開，然後強制清理。
8.3%
花錢找整理師，請他發揮專業，解決我的問題。
5.6%
想辦法帶他去諮商或是看精神科／身心科醫師。
3.2%
請認識的第三人（另一位親友）介入溝通和說服。

看來，預計透過學習來扭轉屋況的人最多，但如同前面提及的，很多人買了書、上了課，還是什麼都不做、做不了，或是做了之後仍舊不斷復亂，因此這個選項不見得能夠解決問題。而打算在物理環境上和豬隊友畫清界線的人也不在少數，只不過，有這種念頭的人雖然超過三成，但實際上成功搬離的人只占了七．四％。至於向專業人士求助的選項之所以不受青睞，我推測是沒有預算，或是把豬隊友帶去看病的難度很高所致。

真正的豬隊友，其實是自己

由於接觸過的案例多達上千個，我可以反射性地推論出，就算選擇了A，最終也有五成的機率會失敗，或者即便選擇了B，仍有可能遇到C、D或E等各種麻煩，而留下一個整理爛尾。我很希望大家在改善屋況上能少繞一點遠路，因此，我想對整理卡關的人提出一些基於大量觀察、教學經驗和遍覽研究結果的有用建議。

在這裡，我必須很殘酷地說，豬隊友除了自己，沒有別人。因為沒有動力、不知從何開始、捨不得丟又不會收納的人，終究是自己。持續將就混亂的屋況、對豬隊友束手無策、接受與長輩同住並長期忍耐的人，也是自己。多數人都以爲只要別人改變了，自己的問題就可以迎刃而解。殊不知，會爲他人改變的人少之又少，甚至連你都不想爲自己改變了不是嗎？那些失敗的減肥和語言學習計畫就是證明。

但你是有選擇的，現在的屋況和居住品質，就是你過去一連串選擇所造成的結果。如果你願意先改變自己，做出不同於以往的選擇，你的生活也將有所不同。請相信自己有足夠的資源和力量，只要你突破關卡，一切都將逐漸變好。

下面是七種我大致歸納出來的卡關原因，你是卡在哪一關呢？

一、缺乏整理動機

二、標準不同，很難溝通

三、家裡亂到無從下手

四、捨不得丟、送不出去

五、整理到心累

六、不會分類、不擅收納

七、缺乏空間自主權

在接下來的篇章中，我會一一說明如何跨越障礙，讓不斷拖延或中斷整理的人能夠開始動起來。我也會針對卡關者與物品和自己的關係進行解析，畢竟有許多心結是原生家庭潛移默化的結果。此外，我還會透過一些變造過細節的案例跟各位分享，如果與長輩或伴侶擁有不平衡的關係，將如何左右自己的決策，並影響未來可能長達數十年的生活品質。

請注意，我提供的是說明、解析和分享，而非解答。外人不可能了解你家的權力結構，也無法介入你的婚姻關係或親子互動，更甭提爲你的人生負責了。但是上百場直播中的數千個提問，呈現的是卡關者的眞實樣貌和處境。是他們願意揭露困境，才讓我得以了解更多元的生活面向。因此，我誠摯地感謝提問的學員，也期待你能從中獲得覺察，並反思自己是否也陷入了「不舒適的舒適圈」，以爲餘生只能這般將就地過下去。

面對問題，以及問題背後的問題，然後找出最適當的應對方式，才有機會突破整理關卡，讓你對自己的能力改觀。至於該如何治本並轉化出新的未來，就是接下來的功課了。讓我們一起踏上這段屬於你的雜物清零之旅吧！

第一關
動機

為什麼缺乏整理動機，
知道方法卻提不起勁？

「我買了很多整理收納的書，也上過不少課程，道理我都懂，但就是不想動手。我覺得自己很糟糕，一直在浪費錢，我還有救嗎？」「長輩對斷捨離較為抗拒，該怎麼說服他呢？」「家人的收納習慣不同，對雜物的容忍度超高，要怎麼讓他們動手整理？」我經常收到這類問題。雖然上述問題的主詞各不相同，但它們的共同點都是缺乏動機。

現今囤積症的研究權威——美國史密斯學院的心理系教授藍迪．佛羅斯特，在綜合了許多研究結果之後得出一個結論，他認為讓人願意改變的條件有二：一是這對他夠重要，二是他有信心可以改變。

什麼叫做「夠重要」？從我的角度來看，夠重要可以解釋成：一個人對某種改變或行為，在價值觀、目標、自我認同和情感連結方面有足夠的認知，而這種認知使他認為，這麼做對他的生活是具有意義的。

價值觀與目標

人通常會努力追求與自身價值觀和目標一致的事物。如果某種改變或行爲，與他的核心價值觀和目標相關，就會被視爲足夠重要。於是他可能會犧牲時間、付出代價去實現這些目標，以確保他在追求自己重視的事物時，能獲得更大的滿足感。

我的核心價值觀是自由，擁有太多物品會使我無法輕盈地移動、搬遷、體驗世界，因此對我而言，精簡家當這個行爲符合我的價值觀，持續清除雜物也容易成爲我的長期目標。雖然斷捨離會經歷內心爭戰和體力上的耗損，但對自由的渴望總能讓我堅持下去。如今我能不被物品綑綁，說走就走、想搬就搬，正是這個過程帶給我的最大回饋。

然而，如果小華的核心價值觀是安全，而他對安全感的詮釋，就是被自己喜歡的物品包圍，而且日常備品的庫存量都必須十分充裕，那麼你要求他割捨物品、逼他減量，無疑是將他推入不安的威脅之中，他不恨你才怪。可想而知，相較於過減法生活，對小華而言，努力賺錢買間更大的房子，讓自己可以盡情地展示收藏、囤積備品，或許才是他最看重的人生目標。

自我認同

那自我認同又是怎麼一回事呢？它是一個人對自己在身分、性別、族裔、文化、信仰、性格、性取向和價值觀等各個方面的認知。此人是否將整理收納、維持屋況視爲自己的責任，取決於他如何定義自己在家庭中的角色，以及他對家務事的看法。而這個角色和看法，往往會受該地區的文化、社會期待和原生家庭所影響。

我認爲自己是個整潔有序的人，朋友和工作夥伴也認爲被我住過的房子都會變美。他人的看法會強化我的自我認同，也因此，只要檯面沒有淨空、衣服沒有摺好，我就會因爲屋況與自我認同不一致而產生違和感，這使我即使再忙都不會忽略家務事。我會這麼做並非出於壓力，而是清爽的屋況會讓我認爲自己名實相符，從而自我感覺良好。既然維持屋況能令我開心，我自然就有動力持續下去。

但假使小芳自我認同的「人設」是環保尖兵，也堅信永續使用才是愛地球的好方法，她就可能保留不再需要的東西，甚至一直使用殘破的物品，使自己長期為收納一事所苦。又或者，如果小明從小就生長在重男輕女的家庭，家中的男性從來不必做家事，而母親也希望他專心讀書、努力工作就好，那麼整理房子肯定不會是他的首要之務，連進入待辦事項清單都不太可能。

情感連結

小華、小芳和小明有沒有機會忽然轉性、開始整理呢？如果情感連結強到能令他們生出動機來的話，讓人改頭換面也不是辦不到的事。

舉凡友誼、家庭、親密關係或其他形式的人際互動，都有可能提供情感支持，並推動一個人的改變。好比說，小明想追求愛乾淨的小美，為了讓她到家中做客時能留下好印象，小明不僅主動整理了房子，還開始鑽研起清潔和收納技巧。小美被小明視為未來的伴侶人選，其重要性自是不在話下。

又好比獨居的李奶奶在家中囤積了大量雜物，數量多到連走路都難。兒子好說歹說，但N年過去她都不肯整理。事情在金孫誕生之後有了轉機。爲了讓金孫隨兒子回家時有個地方可以午睡，她破天荒地將和室清空，甚至因爲不希望金孫在家中跑跳時跌倒受傷，還進一步將走道上的物品減量。金孫在阿嬤心目中的重要性，有時的確比自己的兒女要高出許多。

價値觀、目標、自我認同和情感連結，都有可能形成一個人願意改變的動機。但佛羅斯特教授認爲，如果他對自己能不能實現某個目標缺乏信心，便不太可能促成改變。而這立刻令我聯想到「自我效能」的概念。

自我效能

以社會學習論著稱的心理學家班杜拉曾提出，一個人的動機和自我效能密切相關。**自我效能，指的是一個人對自己能否完成某項任務或實現某個目標的信心程度**。自我效能高的人相信自己做得到，所以會選擇較具挑戰性的任務，並爲這個任務花費較多的時間和心力，而在遇到挫折時，也比較能夠堅持不懈地克服困難。相反地，自我效能低的人比較不積極，他們對自己的能力抱持懷疑，在面對較具難度的任務時容易緊張焦慮，在遇到阻礙時則傾向於減少投入或乾脆放棄，因此任務完成率較低。

自我效能是一種主觀評價，不代表一個人眞正的實力。如果小林像《航海王》中的魯夫一樣信心滿滿，在面對堆滿雜物的透天厝時，只覺得是小菜一碟，那麼即使他不懂整理，也有可能排除萬難、揪到很多親友來各司其職，然後一步一步把房子給搞定。但如果小林看到一堆雜物就心累，覺得整理透天厝是不可能的任務，他就可能一拖再拖，最後形成「雜物盲」，開始對屋內的雜物視而不見。然而，如果小林可以增強自我效能感，他是有可能建立起自信心並提高整理動機的。

那要如何增強自我效能感呢？首先，小林必須增加自己的成功經驗。他可以縮小目標，先整理內衣褲和襪子就好，透過完成小小的任務，他將逐步擁有在整理方面的自信心。其次，他可以大量觀察，看看整理收納相關社團裡的其他人是如何完成類似任務的，然後想辦法移植他人的成功經驗。第三，他必須保持身心健康，如果因爲斷捨離計畫遭到家人的打壓就陷入負面情緒，或是才整理個兩天就閃到腰、拐到腳，想建立自信心恐怕會是難上加難。

自我實現的預言

與自我效能有點關聯性的概念是「自我實現的預言」。它涉及一個人的信念和期望，而這些信念和期望可能會影響到他的行為和結果，使他對自己的預測成為現實。如果小林相信他可以整理完整棟透天厝，他的行為便會反映這個信念，並實現他對自己的預測。換句話說，如果小林有高度的自我效能感，他會更傾向於相信自己能實現目標，並使這個信念成為現實。

現在回頭去看佛羅斯特教授的這句話：**「讓人願意改變的條件有二：一是這對他夠重要，二是他有信心可以改變。」**是不是比較了解他的意思了呢？接下來，我要進一步說明：產生動機的「外在驅力」和「內在驅力」分別有哪些。

外在驅力

外在驅力指的是會對一個人的行為或決策產生影響的外部因素，例如人生階段的變動、外部目標和外部獎懲等等。

搬家是促使一個人開始斷捨離的重大原因。面對一個全新的開始，多數人都會在打包物品時回顧過去、展望未來，將一些不再需要的東西排除掉。到異地求學、離家租屋、與伴侶共築愛巢，都屬於類似的情形。

經常搬遷的人冗物較少，可是在一間房子裡一住就是幾十年的人，往往不認為自己需要清除雜物。一來是他認為「住得好好的」，沒必要給自己添麻煩；二來是即便他有心整理，也可能因為看到巨量的雜物就打了退堂鼓。不過萬一哪天房子面臨都更改建，他還是得硬著頭皮處理就是了。

坪數以小換大的人，多半沒有意願精簡物品，而以大換小的人，則不得不將物品減量。有些退休族為了追求清幽的田園生活而搬到鄉間，卻因為空間變大加上採買不便而開始囤物；有些退休族為了追求醫療上的便利性而搬進市區，卻因為房子變小而展開了這輩子的首次減物。有時家庭成員出於疾病或意外變得不良於行，也可能促使同住者清空走道，以便讓輪椅順暢通行。

死亡也可能引發不同程度的整理。有些遺族會火速整理遺物，將房子賣掉變現，或是將死者的房間釋出給更需要獨立空間的成員。有些遺族會將死者的房間改造成書房或儲藏室，將空間做更有效的利用。有些遺族只打算清除與疾病照護相關的物品，將死者的房間恢復成非病房狀態。有些長輩則是即便伴侶已經離世數十年，對方的遺物仍維持原樣，而同住的家人大多明白，除非這位長輩也往生，否則誰都甭想清理死者的物品。

除了搬家、換屋、死亡等等因爲人生階段變化而產生的外部因素之外，會驅動一個人進行整理的原因，還包括一些常見的外部目標。

大家都有經驗的外部目標，就是在訪客上門前將屋況整理到可以待客的程度。可以想像，這類訪客肯定重要到一個人願意爲了他的造訪而動手整理。例如小蓮的公婆要來家裡小住，但房子亂到見不得人，她只好花錢請整理師到府救急；或是小孩的老師要來進行家訪，爲了面子著想，小蓮不得不把會被老師看見的公共區域整理乾淨。

另一個外部目標是獲得他人的認可，好比希望長輩和伴侶稱讚自己，或是想在社群媒體上贏得他人的讚許等等。以想當整理師的秀秀爲例，她認定自己是個整理高手，同時也認爲如果不先搞定自家屋況，去教別人斷捨離實在是毫無說服力，所以在既有自我認同又有外部目標的情況下，她自然會將維持屋況視爲自己的責任，並透過公布整潔、清爽的屋況照片來吸引客戶上門。

驅動整理的外部因素還包括社會壓力。例如阿傑的座位亂到被主管要求整理，礙於薪水、考績和同儕觀感，他不得不因應指示整理一番。垃圾屋就更不用說了，被通報、被罰款，屋主自然得要有所回應，如果置之不理導致相關單位上門強制清除，代價恐怕會十分驚人。二〇二二年七月份被強制清空的高雄老鼠屋，除了四萬多元的罰單之外，屋主還必須繳納超過七十萬元的清潔處理和吊車費用，金額相當可觀。

還有一個外部因素是獎賞或懲罰。這個很好理解，因爲我們在家庭和學校中體驗到的教育模式幾乎都是如此，進了職場亦復如是。如果套用在整理上，就好比把桌面收拾乾淨，媽媽會賞孩子一個布丁；或是垃圾積在陽台會被碎唸，老公只好乖乖聽話去倒……當然，我們也可以對自己採取同樣的方法，像是整理完整棟透天厝，就送自己一趟日本行；或是只要亂買一件可愛的小廢物，就必須清掉三件可有可無的物品等等。

研究顯示，獎懲僅具短期效果，無法帶來長久的改變。只要獎懲一停止，效果就會消失不見。除非持續給予獎懲並逐漸提高力道，才有可能培養出長期的習慣。更違背一般人想像的是，獎賞甚至可能會產生負面影響，使一個人降低長期抗戰的動力。眞正長久有效的是「內在驅力」，而它往往源自於好奇心、興趣、熱情、樂趣、挑戰性、自主性、自我價值感、專精於某件事情的滿足感，以及幫助他人的成就感。

內在驅力

好奇心能推動一個人去學習、成長和探索，並在過程中激發出對特定主題的興趣和熱情。隨著在特定主題上享受到的樂趣越來越多，他會開始追求挑戰性，自動自發地鑽研知識、參與活動，而這會進一步提高他的技能，使他覺得自己更有進展、更具價值，也更精通於該主題。他甚至還能透過這種技能協助他人，進而獲得滿滿的成就感。

許多整理師都經驗過上述歷程。有些人是從小就有整理天分；有些人是想擺脫雜亂的屋況才決定學習整理；有些人是期待整理能讓生活變得更有效率；有些人則是單純想找個進入門檻「貌似」較低的職業，看能不能兼個差或二度就業。

他們買書、上課，學習各種相關知識和技巧，在搞定自己的房間之後，又把腦筋動到了家人的房間上。去朋友家裡拜訪時，他們也會因爲看不下去而動手整理。由於在整理方面看到了自己的進步和助人的潛力，他們逐漸將整理視爲一種使命和天職，而不僅僅是賺錢糊口的手段而已。

多年前我讀過一本名爲《Before the Big O》（暫譯：《成爲專業整理師之前》）的小書，內容介紹十幾位整理師在改行前的生活，以及她們成爲整理師的前因後果。這些女性有被裁員的資深客服專員和美妝從業人員，有被解聘的大學歷史系教授，有拒絕過度加班的電影公司業務主管和飯店員工，有受不了職場政治決定自行創業的心理學博士，也有老公被裁員、必須扛起一家生計的全職媽媽。

根據這些女性的自述，天生會整理的人其實不多，裡面甚至還有一位「前」囤積者。她說她將創業消息告訴學生時代的室友時遭到嘲笑，因爲對方不相信她這個髒鬼竟然會幫客戶整理房子！這使我想起以前在唱片公司上班時，曾經忙到讓一碗泡麵在辦公桌上擺了好幾天，裡頭吃剩的麵條都長出黴菌了，我還能轉念把它當成盆栽繼續放。誰能想到後來我會變成天天出門倒垃圾、時時保持檯面淨空的人呢？

上述女性出於好奇心、興趣、熱情和不得不面對的經濟壓力而走出舒適圈，搖身一變成了獨立創業的自由工作者。除了經濟壓力之外，前三者都是源自於內在驅力，而她們之前的工作經驗也化作養分，成就了她們的個人特色。正如那位前歷史系教授所言：「我做的事情，都關乎人們如何與過往連結……」由歷史學者協助你處理個人歷史的遺跡，聽起來是不是很夢幻呢？

現在再看看本章一開始的那三個問題，你心中是不是已經有了答案呢？如果沒有，我將簡單扼要地說明一遍，並且附上更多相關問題的解答。

Q

我買了很多整理收納的書，也上過不少課程，道理我都懂，但就是不想動手。我覺得自己很糟糕，一直在浪費錢，我還有救嗎？

找出動機就有救。請認眞思考你的價值觀和目標是什麼，把這些想清楚了，日後不管是面對整理收納或生命中的其他議題，你在做決策時就有了可依循的準則，而且思緒也會變得比較清晰。如果你一直認為自己不擅整理，不妨試著改變自我認同。想想看，假設你是一個整理達人，你會怎麼進行？假設你被老闆派去整頓倉庫，你又將如何規畫這個專案？

如果上述方法行不通，你也可以運用外部驅力，例如：邀請朋友一週後來家裡玩，給自己一點時間壓力；跟某個毒舌朋友分享整理計畫，如果達成率不如預期，你就轉一筆現金給他做為懲罰；設定一個你期待的獎賞，像是只要整理到某個程度，你就能出去吃頓好料；再不濟你還可以選擇搬家，讓自己置之死地而後生，這樣你比較能在短時間內看到成果。

然而，如果你想養成整理的習慣，那就需要內在驅力的支持了。依據《內在驅動力》的專家作者薩拉斯．吉凡在書中所提出的觀點，重燃內在驅力的方法主要有以下三點：

一、使命感：清楚自己的行動能如何幫助與服務他人。

二、**自主權：**相信自己有能力和行動改善現況。

三、**專精度：**踏上自我精進的旅程，不斷朝更好的自己邁進，永無止境。

因此，請找出你的使命感，像是「我想讓大家過著更有質感的生活」，或是「我想讓孩子在有美感的環境中成長」等等。如果你對幫助他人不感興趣，你也可以想想如何運用自主權，讓日子過得更舒服一些，好比「我想透過清除雜物使家務減量，讓我可以將省下來的時間，用在我想做的事情上」，或是「我想揪出重複購買的原因，讓自己可以一年多存十萬元」等等。還有就是提升你的專精度，例如你可以立下「我要成爲整理大師」這樣的目標，讓自己可以成爲這個領域的專家。

這些方法能增加自我效能感，讓你願意爲了改變而付諸行動。那麼，你想用哪些外部驅力和內部驅力來讓自己動起來呢？

Q 長輩對斷捨離較為抗拒，該怎麼說服他呢？

你不必說服長輩，但是得協助他們找出動機。好比前面提及的，你可以打「金孫牌」，或是用雜物會影響財運、風水、兒女婚姻等說法，讓他感覺到此事非同小可，他必須做出改變才行。而且在改變的同時，他還會得到必要的支援，讓他相信此事能夠順利達成。總之，請挑他在意的議題進行操作，並提供充裕的時間和資源，不要只出一張嘴。

如果長輩持續抗拒，請反思你希望他斷捨離的目的是什麼。是站在他的立場眞心爲他好，還是期待他能按照你的標準打理房子？如果他的核心價值觀是安全，他對安全感的詮釋就是被自己一輩子打拚買下的物品所圍繞，每樣東西都擺在他看得見的地方，那麼呼應前面說過的，你要求他丟東西等同於逼迫他體驗不安，他怎麼可能不抗拒呢？

假使你不是同住者，而物品已經多到阻礙逃生了，建議協助長輩做到「減害」即可（請參考《囤積解密》一書第七章），不要輕視他與物品的連結，也不要斷然割裂他對物品的依附。請尊重他對居住環境與生活方式的選擇。他是成人，他可以自行決定並承擔可能的後果，晚輩能做的就是提供必要的支援和最終的善後。

假使你是同住者，我只能說，辛苦了。無論你爲什麼願意跟長輩同住，請理解住在一起就是容易過度干涉彼此，而情分也會在磨擦當中逐漸消失。這時候，拉開物理距離或許是個可以考慮的選項。

Q 家人的收納習慣不同，對雜物的容忍度超高，要怎麼讓他們動手整理？

家人對雜物的容忍度超高，表示雜物對他們而言並不構成困擾。既然不構成困擾，意味著整理收納這件事情不夠重要，他們沒有需要特別給予關注。

更進一步分析，所謂「容忍度超高」或許只是你的觀點而已，他們根本沒在「容忍」。一是他們對屋況的期待沒有你高；二是他們對這種屋況習以爲常；三是雜物尚未對他們造成實質上的損害，整理收納這件事情不具急迫性；四是他們說不定認爲整理收納很困難、很吃力，如果與雜物共處可以避免失敗和勞累，那麼就這樣過下去似乎也無不可。

因此，你要麼讓他們同理你的困擾，拉高他們對屋況的標準；要麼主動整理，讓他們可以「坐享其成」。當然，你還可以製造外部驅力，例如宣稱你要帶交往的對象回家吃飯等等，讓他們產生改善屋況的短期目標，否則恐怕只能等到有人被雜物絆倒、被墜落的雜物砸傷，或是遇到失火、迫遷等狀況，事情才會有所轉機。總的來說，沒有動機就沒有行動，這是必須解決的首要之務。

• • •

讀到這裡，我知道你一定會說：「問題是要讓豬隊友同理我的困擾很難啊！到底要怎麼跟他們溝通呢？」因此，下一章我將說明每個人的需求層次和物質與精神的滿足點，以及面對這些差異，究竟該如何溝通才能達成我們想要的目的。

diptyque 34boulevard saint germain
MIMOSA
34 boulevard saint germain
paris5e

第二關
共識

同住之人的觀念不同，
難達成共識的溝通法

「家裡共用的東西還沒壞，但我覺得不好用或已經不想用了，想送出去或丟掉，先生都會說還可以用爲什麼要丟，丟了再買新的還要花錢，很浪費。請問這種情況有解嗎？」上述困擾相當常見，而且時不時會引發後續的口角爭執。

到底爲什麼很多豬隊友不僅沒有整理的動機，甚至還會抵制你、阻撓你，導致你的整理工作戛然而止呢？本章要進一步探討的主題就是：苦主和家人在需求方面的差異。

需求層次理論

心理學家亞伯拉罕．馬斯洛曾經提出「需求層次理論」。他將人類的需求由低至高依序分成「生理」「安全」「愛與歸屬」「尊重」和「自我實現」等五個主要的層次。後來有學者研究他的札記手稿，又在尊重和自我實現需求之間，加進了「知的欲求」和「美感需求」。這兩者並無層次高低之分，是否該被加入也未有定論。但我想就較多層次的版本來向各位說明，以下便是針對各個層次的簡短敘述。

一、生理需求

生理需求包括食物、水、空氣、睡眠、溫度調節、居住、生殖等基本需求。如果這些需求未被滿足，生存將會受到威脅。因此，它也是所有需求當中最爲急迫的一種。馬斯洛在《動機與人格》一書中寫道：「一個同時缺乏食物、安全感、愛和尊敬的人，十之八九會先求不餓肚子再談其他。」

二、安全需求

安全需求包括安全、穩定、可靠、結構、秩序、規則、被保護等需求。這些需求反映了個體對安穩生活的渴望，也反映了人們喜歡已知多過於未知的傾向。如果這些需求未被滿足，容易導致焦慮、不安、緊張或害怕，並出現避免冒險和挑戰、減少人際互動，甚至依賴權威或過度檢查等行爲。

三、愛與歸屬需求

愛與歸屬需求包括付出愛與接受愛的需求。如果這些需求未被滿足，個體會感覺自己缺少朋友、伴侶、家庭、社群，因而感到孤單、被拒絕、失根、沮喪和憤怒。這會造成適應不良和社交退縮等後果，或是促使個體以更積極的手段尋求他人的關注和認同，有時甚至到了不擇手段的地步。

四、尊重需求

尊重需求包括自尊、聲望、地位、榮耀、認可等需求。如果這些需求未被滿足，個體會感到自卑、軟弱和無助，並呈現出低自尊、玻璃心、熱愛競爭、追求權力、愛慕虛榮和企圖展現優越感等心態。如果這些需求能夠正向發揮，個體就有可能爲自己設下高標準，並努力取得卓越的成就。

五、知的欲求

知的欲求包括知識、好奇心、探索、意義等欲求。這些欲求表現出個體對學習、創新、抽象思考、心智成長和解決問題的渴望。如果這些需求未被滿足，個體可能會主動提出問題、追求智力挑戰，並探索文化、藝術、科學等各個領域，以滿足他個人多樣化的興趣。

六、美感需求

美感需求包括對美、平衡、穩定、形式的欣賞和追求，例如沉浸於大自然的壯麗、參與創造性的活動，或是透過文學創作、音樂演奏、藝術表現、美化居家空間、改善自身外貌來表達創意與情感。如果這些需求未被滿足，個體可能會主動提高生活品質，試圖豐富五感體驗，並藉由這個過程達到更高層次的自我實現。

七、自我實現需求

自我實現需求包括對個人成長、表現眞實自我和高峰經驗的追求。如果這些需求未被滿足，個體可能會覺得生活缺乏意義、才能沒有充分發掘、找不到目標，也缺乏達成目標的動力。由於它是最高層次的需求，因此通常是在較基本的需求得到滿足之後才會受到關注。馬斯洛認爲只有不到一％的成年人能到達這個階段。

「需求層次理論」是解釋動機的重要理論。多數時候，人們會先求前四種需求的不虞匱乏，再追求後三種需求的滿足。然而，各種需求之間並沒有明確的界限，它們可能相錯疊合，或是因爲某個需求的強度提升，而使另一個需求的強度降低。此外，文化、環境、性別、年齡、性格、經驗等因素，也可能影響個體的需求順序。並不是非得先滿足低層次的需求，才能追求較高層次的需求。

只不過，有些人的需求始終停留在生理層次和安全層次，只要能吃飽、穿暖、有地方住、有份穩定的工作，他們就心滿意足了。美感太過遙遠，他們並不打算朝那個層次發展。可以想見，這正是許多人和不肯丟東西的豬隊友產生歧異的地方。

物質滿足點

簡單講，每個人對物質生活的「滿足點」都不盡相同，有些人覺得堪用即可，品牌、美感和做工細緻度不在他們的考量之列。這種人的滿足點是「生存」，所以缺了椅子，就去大賣場買一張紅色塑膠凳，在路邊撿一張也行；衣服破了就去菜市場買一件五十元的倒店貨，合不合身、能不能彰顯自己並不重要。別人丟掉的東西當然也要全部搬回家囤著，因爲日後要用時可以省下不少銀兩。至少他們是這麼想的。

有些人的滿足點是「舒適」，只要收入增加，在食衣住行育樂等各個方面就會想要提升水準、汰舊換新。我的很多學員便是如此。他們往往是上了課才意識到「視覺噪音」這回事，於是便著手將浴室裡萬國旗般的廉價毛巾，升級成飯店等級的厚實素面款式；將花花綠綠的收納盒，統一成純白或半透明的簡約款式；或是將不成套的卡通圖樣寢具，更換成織數較高、較爲親膚的白色款式。

有些人的滿足點是「美感」，多年前的一則娛樂八卦報導或許可以做爲範例。事件是某位電視節目製作人和女星妻子鬧翻，女方控訴男方購買昂貴的義大利進口家具時花錢不眨眼，但她懷孕期間「買了一張很舒服、將來餵奶也很方便的搖椅」，男方卻趁她坐月子時，以「與家中擺設不搭」爲由將搖椅搬走，把女方氣得半死。

透過上述報導可以推測出：男方追求的是美感，而他也有財力在家中實現這樣的品味。但女方在乎的是舒適，她不介意搖椅破壞了空間的整體美感，因此她在男方眼中成了個性不合的豬隊友；而與女方滿足點相同的閱聽人，則是認爲她嫁了一個不體貼的自私鬼，最後兩人離婚收場也是可預期的結局。

假使某人的滿足點是美感，婚後另一半卻不斷買回讓他看不順眼的東西，請問他該爲愛忍耐一輩子，還是要降低滿足點，放棄對美感的追求呢？前述案例或許會令女性讀者氣憤難平，但如果在意美感的是你，老公卻在客廳堆了很多遊戲周邊，還很愛夾娃娃回家到處擺，想到這種狀況有可能持續個數十年，你會不會也升起離婚的念頭呢？

我曾在臉書粉絲頁上寫過一段短文：「請丟掉一件你自己也知道做得不怎麼樣

的手作成品。例如：土氣的串珠吊飾、配色不佳的拼布包、顏色俗艷的手工皀等等。手作物確實耗費了你的材料和時間成本，但非專業人士較難做出優異的成品，因此別把練習品當成『作品』而捨不得丟，或是硬塞給別人當禮物而造成他人的困擾，拜託了。」

有網友表示：「手工皀可以拿來用爲什麼要丟？」後續的各方對話，我認爲很適合用來分析物質滿足點。我將留言摘錄如下：「顏色俗豔的手工皀可以拿去公司或學校用，就像能用但不喜歡的傘可以拿去當愛心傘一樣。」「俗豔的手工皀裝個起泡網拿來洗手不是很快就消滅了，這種能應用在生活裡的物資爲什麼要扔掉？眞心疑惑。」「罪惡感很難對付。有些人丟掉一塊全新的手工皀，可能感覺和別人丟掉一個名牌包差不多。」

看到上述留言，你有什麼想法呢？

我的想法是，不要的東西就拿去公司或學校，意味著第一位留言者認爲這些地方的東西只要堪用即可，反正不是醜在自家，跟他無關。這麼做沒有對錯，畢竟多數人都不太在意外部環境，而且捐出物品供公衆使用還能消除丟掉它的罪惡感，何樂而不爲？

第二位留言者同樣是以堪用爲標準。「東西還能用爲什麼要丟」這個問題的主詞是物品，如果把主詞換成自己，問題將變成：「我想用這顆手工皀嗎？」「我的膚質適合用它嗎？」「我把它放在浴室裡會破壞畫面嗎？」所謂「人役於物」，就是讓物品凌駕在自己之上，凡事只以物品爲考量。而抱持這種想法的人，以滿足點較低的人居多。

第三位留言者提及「有些人」，其滿足點同樣是生存。當一個人的滿足點是美感時，丟掉一塊全新但沒有品牌、成分不明、顏色很醜的手工皀，大概不痛不癢，甚至棄若敝屣。可是當一個人的滿足點是生存時，丟掉一塊能用上好一陣子的生活物資，在他眼裡則無疑是犯下了滔天大罪。看到這種罪行，他想忍住不批評都難。

要滿足點低的人丟東西並不容易。而滿足點的不同，正是許多人跟伴侶或家人起衝突的原因之一。如果你的滿足點是舒適，另一半的滿足點是生存，在整理時雙方就很可能會吵架，因爲伴侶會覺得你浪費——「明明就還能用不是嗎？」——你則是會嫌棄伴侶既小氣又沒品味——「我就不想用了不行嗎？」儘管這種場面無關對錯，但如果彼此的滿足點不同，發生衝突將無可避免。

精神滿足點

生存、舒適和美感這三個滿足點，主要著眼於物質生活，它呼應的是需求層次理論中的基本需求和美感需求；而歸屬感、尊重和心流這三個精神生活的滿足點，呼應的則是愛與歸屬之上的高層次需求。

每個人在精神上的滿足點都不太一樣。有些人的滿足點是「歸屬感」，只要能待在一段關係裡，缺少尊重也無妨。就好比一個害怕寂寞的人，對歸屬感的需求很可能會高於美感。如果此人在經濟上不夠獨立，導致在生理和安全需求上無法自給自足，那麼他因恐懼而生的情感依附將會更加強烈。即便要他整天跟在伴侶後面收拾善後，或是必須跟有囤積傾向的長輩同住，他大概也只能吞下去了。

有些人的滿足點是「尊重」。如果不受尊重，他寧可放棄生理和安全需求，也不願意爲五斗米折腰。另一方面，如果他把家當成避風港，但生活用品和各類收藏都被同住者貶低成占用空間、破壞畫面的雜物時——儘管確實可能如此——他內心的沮喪、苦悶、哀傷和憤怒也是不難想像。萬一他兒時曾有漫畫或玩具被父母擅自丟棄的慘痛經驗，長大後再遇到類似的事件時，怒氣恐怕只會更大。

備受台灣社會關注的「哥吉拉事件」便與尊重有關。事件是一名妻子擅自將先生收藏的哥吉拉模型送給娘家親戚的小孩，先生發現後暴怒提離婚，她於是在臉書社團《匿名公社》發文討拍，沒想到卻招來網友的大肆撻伐。暫且不論這篇文章的眞實性，但心愛的物品被如此對待，任誰都會覺得不受尊重。模型只是導火線，很多男性的收藏愛好，小時候被父母壓抑，長大後又被伴侶輕視和敵視，實在是有苦說不出啊！

我經常告誡學員，切勿擅自處分家人的物品，這是對他人及其物權的基本尊重，因爲你眼中的垃圾，很可能是他眼中的至寶。問卷中有二八．六％的人在面對豬隊友造成的混亂屋況時，選擇了「勸說並提供協助，說服不了就自己動手，不管他怎麼想」的應對方式，令我不禁捏了把冷汗。我可以理解一直忍耐屋況或一直扮演善後角色的人，同樣會感到不受尊重，但這麼做只會埋下怨恨的種子，對改善屋況沒有任何幫助。

相較於仍處在發展階段的青年和中年，退休族群往往會因爲自己已不具生產力而自尊低落，對畢生辛苦掙得的財物也會顯得分外執著。於是乎，當你要求長輩清掉你認定的雜物時，他們很可能會覺得心血遭到鄙視，自尊遭到踐踏。在這種情況下，被他們嗆一句「你乾脆也把我丟掉好了」只是剛好而已。假使物品同時還是他們的安全感來源，那你等於是跟他們結上了仇，日後只要談及與物品相關的話題，他們都會反射性地拒絕溝通。對他們而言，維持自尊和受到尊重，遠比維持（你認爲的）理想屋況重要得多。

有些人的滿足點是「心流」。他們極度專注地持續投入某種活動，並在過程中將效率、創意和潛能發揮到極致，進入一種廢寢忘食的精神狀態。研究這種「最優體驗」的心理學家米哈里·契克森米哈伊發現，這個過程會引發快樂、幸福的感覺，而爲了再度體驗這種美好，個體會在沒有外部獎賞的情況下主動重複這個活動，這就是內在驅力的本質。

我在整理、寫作、畫設計圖時，很容易進入心流狀態，常常一晃眼就過了大半天。朋友常問我為什麼一天可以只吃一、兩餐，答案是，我想起「吃飯」這回事的時間並不多，況且心流體驗帶給我的滿足感，要遠大於吃飽喝足這種基本的生理需求。再者，相較於需要長時間投入才能得到成果的寫作和設計，整理的成效可謂立竿見影，令人格外愉悅，也因此我更樂於投入整理，讓家裡隨時保持井然有序的零雜物狀態。

當然，閱讀、演奏、登山、衝浪、跳舞、拼圖、手作、打電玩等等，也容易讓人進入心流狀態，但這些活動通常會伴隨許多物品、裝備、工具和材料。當個體脫離心流狀態回到現實之後，這些因興趣而來的東西就會成為收納困擾，我們只要看看閱讀愛好者的書櫃和手作愛好者的材料箱便能略知一二。然而，基於這些東西是讓他們進入最優體驗的媒介和入口，因此當事人極難割捨，也沒有理由割捨。

心流體驗和馬斯洛提出的「高峰經驗」不太相同，後者指的是一種罕見、深刻、令人驚歎、敬畏或狂喜的意識狀態。它可能會發生在欣賞藝術、近距離觀賞賽事、參與宗教活動、置身大自然、共享親密時光、協助他人克服逆境，或實現某個重要目標的時刻。此時個體會感受到時間的停滯或消失，甚至會發生神祕和神奇的體驗。而我之所以將自我實現需求中的高峰經驗代換成心流，無非是因爲心流更加貼近日常生活。

現在回到本章一開始的那個問題，以及具有共通性的其他問題上。如果你也遇到類似情境，請繼續參考以下的回應。

Q 家裡共用的東西還沒壞，但我覺得不好用或已經不想用了，想送出去或丟掉，先生都會說還可以用為什麼要丟，丟了再買新的還要花錢，很浪費。請問這種情況有解嗎？

很明顯，你先生的物質滿足點是「生存」，而你的滿足點是「舒適」，兩個人看待物品的標準不一致，所以你不想要的東西，他卻認爲需要保留。

許多人的滿足點或金錢觀，其實是不假思索地沿襲自原生家庭。如果沒有察覺時代、環境、經濟能力已然不同，仍延續父母那一輩的信念、觀點和想法，便無法依據現況做出改變。這種情況是否有解？有，你不妨跟先生談談本章的重點，說明自己的需求和滿足點，然後聊聊你的想法是來自於父母、來自於過往經驗，還是因爲經歷了某種轉折才變成現在這樣。

給先生一個脈絡，讓他理解你不是存心唱反調，也不是浪費成性，而是你想照顧自身需求，讓自己在使用上可以更愉快、更順手。清楚表達你的想法之後，建議你也問問他的滿足點是怎麼形成的，有沒有什麼相關的特殊事件或小故事可以跟你分享？透過這樣的對話，你們將更了解彼此，日後再遭遇同樣的情形時，就不至於一直鬼打牆了。說到底，你要探討的不是先生不准你丟的這個行爲，而是他行爲背後的感受、觀點、期待和渴望。

至於該如何展開對話，或許你可以先從「非暴力溝通」開始，它的溝通步驟如下：

一、觀察且如實陳述

X「這個鍋子很難用耶！我每次炒菜手都會被燙到。」

○「這個鍋子的握柄是金屬的，之前炒菜時我的手被燙到過三次，可是炒菜時戴手套對我而言不太順手。」

TIP

請避免使用「經常」「總是」「每次」這種含糊的說法。提到頻率時，最好直接提供具體的數字。「難用」則是主觀評論，並非客觀事實。如果你使用上述辭彙，對方可能會以「哪有每次？」或「我不覺得難用啊！」來進行反擊，對話便容易失焦並陷入爭吵。

二、表達你的感受

X「我真是命苦喔！只能用這種爛貨。」

○「現在我拿這個鍋子炒菜都會怕怕的。」

TIP

「爛貨」是主觀評論，「命苦」也不是一種感受，而是你的想法。我們必須區分出「我的感受」「我對自己的想法」和「我對他人行爲的想法」，才能做出明確的表達。此外，表現出自己脆弱的一面，也有助於化解衝突。

三、認清自己的需要

X「你憑什麼不准我換？鍋子有比我重要嗎？要留以後你自己炒。」

○「你不准我換鍋子，我有點難過，我本來期待我可以更安心地炒菜。」

TIP 前者的說法只是在發洩情緒而已，而且拿自己跟鍋子比會把話題帶偏，這樣的對話將無法達成期待的效果。後者的說法表達了你的感受，也清楚傳達了感受背後的需要和想法——「期待可以更安心地炒菜」。

四、表達明確的請求

X「我希望你能了解我在不爽什麼。」

○「我希望你同意我把舊鍋子送人，然後換個新的。」

TIP

「了解」不是明確的請求，就算對方了解了，然後呢？所以請務必說出你希望對方採取什麼行動。你說得越明確，你達成目的的可能性就越高。

我再舉一個例子：

一、觀察且如實陳述

X「客廳茶几很危險，大寶每次經過都會被尖角戳到，當初怎麼會買這種東西？」

○「客廳茶几的邊角是尖的，上個月大寶被戳到兩次，痛得哇哇大哭。」

TIP

「危險」是帶有評論意味的觀察，「每次」是誇大的描述，「怎麼會買這種東西」則帶有指責色彩。如果你在陳述觀察到的事實時，還要加上評論並附帶指責，先生很容易認爲你在批評他之前做的決定。

二、表達你的感受

X「你兒子好可憐。」

○「看到他大哭我嚇壞了，他現在去客廳玩我都會很緊張。」

TIP 使用「你兒子」三個字，有加深先生罪惡感的企圖。「可憐」是你對「兒子被尖角戳到」的想法，並非你的感受。覺得緊張、難過、心疼……才是在表達感受。

三、認清自己的需要

X「你不准我換掉茶几，我很失望。」

〇「你不准我換掉茶几，我很煩惱，我本來期待可以不必再擔心大寶被戳到。」

TIP

前者的說法並沒有把你的需求說清楚。如果沒說清楚，下一句就直接提出請求，先生可能會以為你的請求是「要求」，從而心生抗拒。

四、表達明確的請求

X「拜託你不要小氣，該換的東西就趕快換一換。」

○「我希望你同意我賣掉舊茶几，然後換一個相對安全的圓形邊桌。」

TIP

「不要小氣」不是一個具體的行動，而且帶了指責意味。當你開始論斷先生時，你提出的便是「要求」，而非「請求」。提出請求時，請務必說明你「要」什麼，而非你「不要」什麼。請使用「正向的行動語言」。

如果你想進一步了解非暴力溝通，請參考馬歇爾．盧森堡博士所寫的《非暴力溝通：愛的語言》這本書。接下來我還會重覆示範這種溝通方式，讓各位可以更加熟練。

Q 未同住的媽媽一直購買過量的物品往我家塞。如果拒收，這些東西會在娘家堆到地老天荒；如果收下，換成是我要耗費時間和心力去面對。請問有什麼妥善的處理方式呢？目前是結緣出去，但真的好累喔！

我明白你希望家中沒有這些「雜物」，也希望它們不要持續進到你家。你的需求可能已經提升到「尊重」和「美感」的層次了，媽媽卻只想滿足你在「生理」或「安全」層次的需求。你很為媽媽著想，偏偏這麼做會產生額外的負擔，搞得自己進退兩難。我認為，你的問題可以從以下幾個面向來進行剖析。

首先，如果你總是收下禮物，媽媽自然會一直送你，因為東西既沒有堆在她家，她可能也得到了她想要的滿足感——我是個好媽媽／我有在照顧女兒／我有能力買東西給女兒。在不必付出代價還能得到收穫的情況下，她會不斷買東西送你是可以理解的。但如果你總是拒收，她花了錢又自討沒趣，家裡還被過量的東西給塞爆，正常人都不會想再送東西給你。

媽媽爲什麼會一直買東西送你？她可能是想增強她跟你的情感連結，或是單純想找個理由去你家坐坐。如果你從未明確地拒絕過她，她在不知情又不求回報——說不求回報不太精準，因爲她可能還是得到了她想要的滿足感——的情況下買東西送你，那她確實是在**給予**（give）；但如果你曾經明確地拒絕，而她知情卻又無視於你的困擾，硬是要塞過量的東西給你，那就不叫給予了，她其實是在**討好**（please）或討愛。

給予是無私的，它是出於愛、關懷和慷慨。給出的東西會符合對方的需求，希望對方能得到幸福。討好則不然，它的目的是追求他人的喜愛、讚賞或認可，出發點是想避免批評和衝突，或是擔心別人會討厭自己。換句話說，它是出於恐懼而非出自於愛。至於討愛，則是另一種更深層的情感需求。討愛的人會透過各種行動來獲得他人的愛和關懷，因此與其說媽媽是在討好你，不如說她是在向你討愛。

會討愛是因爲缺愛。缺愛的人由於沒有被好好愛過，往往不懂得如何愛人，導致討愛時容易用力過猛，使對方產生壓力而不自知。如果媽媽確實缺愛，請記住，那是她的課題，不是你的課題。如果她被你拒絕而導致家裡被塞爆，那也是她的課題，不是你的課題，畢竟東西是她買的，你接不接受都是她必須自己承擔的後果。如果你爲了避免媽媽付出代價而接受那些東西進到你家，就等於是介入了媽媽的課題並強壓在自己身上。

個體心理學學派創始人阿爾弗雷德·阿德勒認爲，所有煩惱都是人際關係的煩惱，「課題分離」就是要弄清楚這個問題是「自己的課題」或是「他人的課題」。自己的課題指的是我們可以自己掌控、靠自己就能改變的事情；他人的課題指的是我們掌控不了、也無法憑一己之力改變的事情，例如別人的態度、行爲、想法等等。

我們不要讓別人來干涉我們的課題——我家要放什麼東西我可以自己做主；我們也不要雞婆地去介入別人的課題，試圖改變他人——媽媽想買禮物就去買，但是我可以拒收。而一旦做出決定，我們就必須負起責任，承擔起這麼做所導致的後果。

以你的問題爲例，接受媽媽的禮物，她的課題就會變成你們雙方的「共同課題」，以至於你得辛苦地把禮物結緣出去。然而，你也可以設下某種程度的界線，不接受禮物，然後選擇跟媽媽好好溝通。

同樣地，以媽媽的角度而言，她不需要讓別人干涉她的課題——我想買禮物給女兒我就買；但她也不需要雞婆地去介入別人的課題——我認爲我女兒就是必須擁有這些東西。而一旦做了決定，她就必須負起責任，承擔起這麼做所導致的後果，例如你不接受禮物，她就必須把東西堆在家裡，自己想辦法吃完、用完、分送給他人，或是乾脆退貨。

其次，我不確定你是否曾經拒絕過媽媽。如果曾經拒絕，你是婉轉卻含糊地拒絕，還是堅決又明確地拒絕呢？建議你用前面介紹過的非暴力溝通方式和媽媽坦誠對話，並且清楚地畫出界線，請她尊重你的空間以及你對空間的使用權。我試著示範對話如下：

「媽，我家的房間都有明確的用途。能用來儲物的空間，只有玄關旁邊那個半坪大的儲藏室而已。平時我家的日常備品和非當季電器已經占了儲藏室九〇％的面積，剩下的一〇％是人站的地方。上個月你送我四箱果汁，我放不進儲藏室，只能堆在廚房走道上。昨天二寶進廚房拿點心時撞到紙箱，結果膝蓋流血了。」請不帶評論地如實陳述出你的觀察。

「所以你是打電話來怪罪我囉？我是好心耶！」媽媽或許會這樣反駁。

「當然不是。我知道你是好意，但這種情況讓我感到難過和無奈。我難過二寶受傷，也對廚房必須堆放四箱果汁感到無奈。現在箱子裡還有九十瓶，我不知道我們什麼時候才能喝完。」請表達你的感受並進一步陳述事實。

「那你們就多喝一點嘛！喝果汁對身體好啊！」媽媽可能會這麼回應。

「嗯……果汁的含糖量很高，這瓶三百一十毫升的果汁，瓶身上寫的含糖量是三十五克，相當於七顆方糖。醫生建議最好不要攝取太多糖分，不然小孩容易蛀牙、發胖、長不高，連我們的皮膚都會變差。」這是如實陳述。

「那下次我不買果汁了。」媽媽可能會繼續把重點放在果汁上。

「媽，家裡的東西越來越多，我有點灰心，因爲我原本期待我家可以維持整潔，小孩可以安心跑跳，不必擔心受傷。」請認清自己的需要，同時避免話題被媽媽主導，變成開始討論以後要改買什麼東西送你才適合。

「所以我希望以後我可以只接受我想要、而且我家儲藏室放得下的東西。當然，爲了避免你多花冤枉錢，我希望你在買之前可以先問我想不想要，還有我家的儲藏室放不放得下。」這時請你向媽媽清楚明確地表達請求。

「我知道了啦！我也不想買東西送你還被你嫌啊！」

「媽，謝謝你的體諒。我猜我這麼說，可能會讓你感到被拒絕。過去我就是擔心你心情不好，才會收下這些好意。我想知道你聽完我前面講的話之後，實際上的感覺是什麼？」在表達自己的感受並確認媽媽理解之後，你不妨進一步問問她的感受。

「我很受傷啊！我只是想去看看你、關心你而已。」

「如果是想見到我，我們可以去郊外走走啊！如果你眞的很想爲我花錢（笑），我們去喝貴婦下午茶如何？」這時不妨輕鬆地提出替代方案，引導媽媽不再透過購物來表達對你的關愛。

Q

我娘好愛買購物台和菜市場的廉價衣物，她認為那些東西CP值很高。我粗估她的褲子超過一百件，但她總是說她少一件，而且買了一堆褲子她還不是每天都穿那幾件。我該怎麼說服她別再亂買呢？

一個人之所以購物有各種不同的理由，有可能是爲了暫時紓解壓力，有可能是企圖展示個人品味和社會地位，有可能是做爲自我獎勵，也有可能是單純做爲娛樂和消遣。很顯然，你的購物理由八成跟你娘不同，而且你們的需求層次和滿足點也不太一致。你在意的是舒適或美感，媽媽在意的卻是生存和安全——只要庫存量夠多，她就會感到安心和愉快。

買很多褲子是媽媽的課題，你不需要介入她的課題，媽媽也不需要讓別人干涉她的課題。媽媽買到自認爲CP值很高的褲子時，可能會覺得自己是個消費高手，她的自我價值感會瞬間飆升。如果她在日常生活中的一切付出都被視爲理所當然，沒有得到特別的誇讚，那麼買幾條便宜的褲子就能自我感覺良好，其實是非常划算的交易。

媽媽也可能沒有其他的娛樂管道。如果家庭成員平時各忙各的，她經常受到冷落，而她又無法排解獨處時的寂寞，那麼看購物台和大家一起下單搶購，或是去菜市場和商家討價還價、聊天互動，都能讓她感覺自己仍是群體中的一員，對她而言不是一件壞事。怕只怕長期依賴購物來調節情緒，有可能導致財務吃緊或影響生活品質等不良後果。而我猜想，這也是你受不了媽媽這種行爲的主要原因。

如果你還是決定介入，請記得這是為你自己而做的。在內心深處，你是爲了避免媽媽的不良後果令你擔心，甚至波及到你，才會期待能儘早控制她的行爲。因此，**不要打著你是為媽媽好的旗號試圖去矯治她**，反而必須先尊重她的需求和價值觀，然後以開放的態度跟她聊聊她對買這麼多褲子的看法。你可以跟她分享你觀察到的事實——她每天都穿同樣的幾件——但是**不要批評她的行為**。**你只要表達關懷就好**。

接下來，你可以引導她談談一直買褲子有沒有帶來什麼困擾，例如預算超支或收納失靈等等。如果她順勢向你求助，你可以決定要不要幫，或是要幫到什麼程度。如果她不認爲自己有任何困擾，也請你別再自尋煩惱。以下是你決定幫忙之後可以做的一些事情：

一、協助她清點已經擁有的褲子。藉著了解現有的庫存，能讓她更理性地看待購物需求。

二、教她收納褲子的方式，讓她更容易找到她所需要的褲子，降低重複購買的機會。

三、和她一起設定明確的購物預算，這有助於降低她亂買的頻率。

四、陪她找出能獲得自我價值感或排解寂寞的其他方法，以代替購物所帶來的快感。

五、和她聊聊穿搭，陪她一起購物，你不僅能提供意見，還能強化你們之間的互動。

請記得採用非暴力溝通的方式向媽媽開啓話題。尊重她的感受，表達你的關懷，同時避免對她造成過多的壓力。這麼一來，你們才有機會找到共同的解決方案。

下一章，我將說明面對滿屋子的雜物不知該從何開始整理的人，究竟該用什麼方式讓自己動起來。卡在這一關的人非常多喔！如果你也有同樣的困擾，請務必繼續讀下去。

第三關
計畫

亂到無從下手時，

建立取捨框架、設定目標

斷捨離和極簡主義成爲顯學，使許多人動了清除雜物的念頭，但在面對混亂的屋況、海量的物品時，苦主們往往感到難以招架，不知該從何著手。

那麼，現在就進一步來談談如何制定整理計畫吧！因爲你不知道從何開始，就是缺乏計畫所造成的。

建立取捨框架

前面提過我的核心價值觀是自由，因此我力行減物，讓自己可以輕盈地移動。而留在家中的每一樣東西，除了舉目可見的家具、燈具、電器、寢具、裝飾品必須滿足我對「美感」的需求之外，其餘的物品像是日用品、備品、收納工具等等，至少也得達到「舒適」的滿足點才行，不在上述框架內的物品就是我會捨棄的對象。所以，請回去翻翻前兩章，先把你的價值觀、需求層次和滿足點寫出來吧！

有框架的好處是可以協助自己聚焦在關鍵上，做為決策的依據。如果你有同住者，不妨邀請他聊聊自己的價值觀、需求層次和滿足點，以及他為何會形成這些觀點，說不定你會聽到很多意料之外的故事喔！如果雙方在各種觀念上有明顯的落差，建議先行溝通並達成共識，否則在進行取捨時勢必會產生衝突，而且不止一次。

以日用品為例，你想用質感好一點的浴巾，對方卻連毛都快掉光的浴巾也捨不得丟；你想買厚一點的衛生紙，對方卻認為用完即丟的東西越便宜越好，你想換個品牌對方還會生氣，嫌你嬌貴的屁股很浪費錢。標準不同的兩個人，真是不衝突也難。如果早一些知道你的滿足點是「舒適」，對方的滿足點是「生存」，是不是就能互相理解，然後就彼此的大框架進行討論，而不是每整理一種東西就要吵一次架呢？

當然，持不同標準的對方聽到你想清除雜物，可能會緊張兮兮或充滿防衛地表示：「不准動我的書」「廚房的東西不要碰」「我的衣服我自己處理」「你可以整理，但是丟掉前要先問過我」等等，這時請尊重他們的界線，或乾脆只整理自己的東西就好。等自己的東西整理好了，有一個近在眼前的清爽示範了，再用你的成果去說服對方不遲。容我再提醒一次，切勿擅自處分家人的物品，這是對他人及其物權的基本尊重。

設定目標

建立取捨的基本框架後，請爲自己設定一個整理目標。美國心理學家愛德溫・洛克和蓋瑞・萊瑟姆曾經提出「目標設定理論」，他們發現設定目標能讓工作表現增加一一～二五%。以二五%爲例，每整理四個小時就能額外獲得一個小時的成果。而他們針對四萬多名不同領域的從業人員進行調查，其結果也顯示：**定義明確的困難目標有助於提升業績**。

「明確」指的是這個目標有預計要完成的時間，有目標達成與否的衡量標準，同時還具有難度適當的挑戰性。目標分爲「遠大變革性目的」「崇高困難目標」和「明確目標」這三種。前者是終極目標，其次是長程目標，後者則是打算在近期內完成的短程目標。

一般認知中的遠大變革性目的，諸如消滅飢荒、把人類送上火星等等，大多是跨國企業的理想願景。個人的遠大變革性目的，則屬於生活和事業上的重大目標，例如環遊世界、保護海洋、得到奧運金牌等等。遠大變革性目的因人而異，但它通常反映了一個人的核心價值觀、他希望對社會造成的影響，以及他的熱情所在。簡而言之，就是一個人來到地球上的使命和任務，而達到這個終極目標，會令他感覺生命有了意義。

崇高困難目標是達成遠大變革性目的的長程目標。以環遊世界爲例，它的崇高困難目標可能是走遍所有的海島國家，或是集滿一百顆米其林星星。再以保護海洋爲例，它的崇高困難目標可能是投入海洋保育研究，找出能有效減少海洋廢棄物的方法。崇高困難目標必須具有挑戰性，但又不會難到讓你不相信自己能在有生之年做到，否則你將會因爲自我效能感太低而失去動力。

以爲我例，「自由」是我的核心價值觀，也是我的遠大變革性目的。「零雜物」是崇高困難目標，也是我獲得自由的主要途徑。然而，這種長程目標不知道會耗掉我多少的時間和資源，這可能會導致我在信心上的減損，並增加半途而廢的風險。因此，我不得不將「零雜物」拆分成幾個明確的短程目標，因爲在相對較短的時間內達成小小的目標，能激勵我持續保持動力，增強我進一步達成崇高困難目標的信心。

如果你已經動念要清除雜物了，我建議你**將「零雜物」設成一個持續追求的長程目標，然後找一個明確的短程目標，並為它擬定行動方案，達成一個之後再換下一個**。這個短程目標可以是「在裝修開工前將物品減量一半」「清空儲藏室的閒置家具和雜物」「跟小孩分房睡」「將老照片和錄影帶數位化」或是「打造膠囊衣櫃」等等，請視自己的需求而定。

切記，千萬別寫出一個你不相信自己可以達成的短程目標，例如你存款不多，卻希望能「翻修整棟透天厝」或是「在半年內買房搬出公婆家」。如果你沒有足夠的專業能力又沒有富爸爸，你恐怕連行動方案都寫不出來。換句話說，與其寫一個打高空的浮誇目標，不如先訂下「兩人合力存到一百萬」這種有點挑戰性、又不至於遙不可及的明確目標，這樣你才可能扎扎實實地爲它寫出行動方案，否則就只是喊喊口號而已。

然而，即便相信自己辦得到，如果這個明確目標沒有截止日期，當事人往往就會不斷地拖延——「我又不是不整理／不運動／不念英文，只是最近很忙，不如下個月再說吧！」針對這點，生前跨足多重領域的美國爵士鋼琴家艾靈頓公爵曾經說過：

目標大小與層級	內涵	執行時間	以Phyllis為例
遠大變革性目的（MTP）	生活和事業的重大目標	一生	自由
崇高困難目標（HHG）	達成MTP的長程目標	數年	零雜物
明確目標（Clear Goals）	達成HHG的短程目標	數月 數週	清空儲藏室的閒置家具和雜物

「我需要的不是時間，而是截止日期。」有急迫性，才能催生出動機和效率，讓他得以完成比別人更多的事情。因此，**設定明確目標時請附帶「預計完成的時間」**，免得自己一拖再拖。

我明白，如果你沒有搬家或裝修計畫，也沒有新生兒、長輩或親友即將在某個時間點開始跟你共同生活，你或許很難設定目標的起始日期和截止期限。在沒急迫性的情況下，我會建議你以元旦、月初、週一、你的生日，或是對你有特殊意義的日子做爲起始點，爲自己營造一種「從今而後我將有所不同」的感覺。截止日期也是同樣的道理，它可以是除夕、月底、週日、你的生日，或是對你而言別具意義的日子。

這時你可能會說，「好，我知道我應該設定一個目標，問題是我全家都很亂，亂到我不知道要怎麼設定明確目標。我是先整理衣櫃好，還是先整理廚房好呢？」關於整理的方法，我稍後會再提到，現在我想先說明一套統整了明確目標、截止日期和行動方案的管理方法，那就是「ＯＫＲ」。

ＯＫＲ管理法

ＯＫＲ的Ｏ指的是目標（Objective），**ＫＲ指的是關鍵結果**（Key Results），它是一九九九年由Intel前執行長安迪．葛洛夫所提出的目標管理方式。Google、Adobe、Twitter、LinkedIn、蓋茲基金會……等，都用這個方法來推動目標或願景的達成。顧名思義，ＯＫＲ就是用一個目標搭配三到五個關鍵結果，藉此讓團隊或個人了解「要做什麼」以及「該怎麼做」。

Ｏ必須明確又具有挑戰性，所以你當然不能寫出「讓臥室變美」這種只能主觀評量的空泛目標，或是「清空書桌左側抽屜」這種太過簡單的目標。ＫＲ則必須包含可以測量和驗證的數字，或至少可以用來指出「有做到」或「沒做到」的標準。至於要怎麼做到，自然是得寫出行動方案，並加上達成各個關鍵結果的截止日期囉！這樣你才能判斷自己是否有在期限內達成各個階段的小小目標。

舉個例子，如果年初六十公斤的小敏想運用ＯＫＲ制定減重計畫，讓自己在夏天來臨前能恢復窈窕身形，那麼她的明確目標可能會是「半年內健康瘦身十公斤，體脂降至二二%」，執行期間是元旦至六月三十日，其階段性的關鍵結果大致如下：

- ・KR1：在二月底前減重四公斤，體脂降至二六%，腰圍減少一吋。
- ・KR2：在四月底前減重共七公斤，體脂降至二四%，腰圍減少一吋。
- ・KR3：在六月底前減重共十公斤，體脂降至二二%，腰圍減少一吋。

這麼一來，小敏會很清楚自己應該在什麼時間點達成什麼樣的關鍵結果，而爲了達成這些看起來具有挑戰性，卻不至於做不到的關鍵結果，她可能會制定以下的**行動方案**（initiatives）：

- ・不碰零食、甜點和含糖手搖飲。
- ・採168斷食法。朋友揪聚餐一個月僅限一次。
- ・每天至少運動三十分鐘。

如果她希望讓行動方案更加明確，還可以再往下制定更細項的**任務**（task），就像待辦事項清單一樣。例如：

・出門上班前做有氧運動二十分鐘。
・每天累計負重深蹲五十次。
・每天累計波比跳五十次。

小敏只要按照行動方案執行計畫，完成每天該完成的細項任務，並且每兩個月就檢視一次是否達到了各階段的關鍵結果，然後隨結果微調運動的長度和強度，就能在夏天穿上美美的比基尼去戲水了，這比只是嚷嚷「我要在夏天前瘦下來」要有用得多。

再舉個例子，假設小庭的目標是「三十天內將雜物間改造成兒童房」，執行期間是九月一日至九月三十日，那麼小庭（跟伴侶討論後）設定的關鍵結果可能會是：

・KR1：九月十日前清空大型物件，丈量房間尺度。
・KR2：九月十五日前將恩典牌整理完畢，只留下小孩穿得到的部分。
・KR3：九月二十日前將房間內不屬於小孩的物品歸位。整理完客廳裡的玩具和繪本。確定既有物品的數量後，購買適當的兒童家具和燈具。

・KR4：九月二十五日前將全室清潔完畢，更換燈具，組裝家具。
・KR5：九月三十日前將主臥和客廳裡屬於小孩的東西搬進兒童房並完成布置。

爲了達成這樣的關鍵結果，小庭進一步制定了以下的行動方案：

・前三週每週六各花六小時整理雜物，共計十八個小時。
・每週日將當週被淘汰的物品送出家門，不可拖延。
・小孩必須參與衣物、玩具和繪本的取捨，以及兒童家具和燈具的挑選。

如果希望行動方案可以更加明確，小庭就必須往下制定更詳細的任務清單，例如第一週的任務可能是：

・替雜物間清出一條搬運路線。
・聯絡里長或清潔隊，確認可放置廢棄床墊和故障電器的回收地點。
・替雜物間內的大型家具拍照，請二手商估價。

‧向同事借雷射測距儀，完成雜物間的尺度丈量。

只要按表操課，好好完成每一個待辦事項，小庭就能達成想要的目標了。這樣的計畫是不是很具體呢？你不妨也選定一個明確的短程目標，爲自己設定一個整理專案的OKR吧！

順道一提，如果你想強化這個目標，不妨加碼將目標具象化。以「三十天內清空臥室雜物」爲例，你可以上網搜尋或翻閱雜誌，找出與你的臥室尺度雷同、風格也受你青睞的照片做爲視覺指引，然後把這個畫面存成電腦／平板／手機桌布，或是直接列印出來，貼在工作桌前每天看、每天提醒自己。請生動地想像你就住在這個空間裡，這麼一來，你的意識自然容易聚焦在這個畫面上，並將它化爲現實。

以上動作完成之後，請把你的OKR和執行成果定期發送給一位友人。他最好是「同道中人」或是你的「整理同溫層」。如果你想在社交平台上公告周知也很棒——不擔心酸民的話——因爲把計畫告訴別人有助於達成目標。

加州多明尼克大學心理學教授蓋兒‧馬修斯的研究就顯示，寫下目標並且每週發送進度報告給一個朋友，達成目標或至少完成一半目標的機會高達七六％。但如果只是寫下目標和行動方案，卻沒有跟任何朋友分享，實現目標或至少完成一半目標的人只有五〇．八％，足足少了兩成五的成功機率。

此外，你也可以在這個階段加上獎懲機制。雖然獎懲僅有短期效果，無法帶來長久的改變，但對短程目標而言，它不失爲一個讓人堅持下去的可行手段。

整理前的注意事項

有了目標和計畫，在正式開始整理前，還有一些事情需要特別留意。

一、了解收納上限：如果你的房子有裝修，也釘了櫃子，那麼物品全部待在櫃內一定會是屋況最棒的狀態。一旦物品溢出櫃體，房子便會顯得雜亂。沒學過整理的人多半會用加法來解決問題，也就是買塑膠整理箱來增加收納量，一個不夠就堆兩個，兩個不夠就堆三個，堆到最後你根本懶得把下層的東西取出來，於是整理箱就成了掩埋場，而你家也毀容了。因此，請先了解家中現有櫃體的收納上限，然後用減法將物品減量到不會溢出櫃子爲止。

二、清出一塊平面用於整理：如果你家亂到連一個空出來的床面、沙發椅面和地面都沒有，請問你要怎麼進行整理呢？你連把東西區分成「要」或「不要」這兩類的地方都沒有啊！所以請先準備一塊乾淨的平面，就算平面附近變得更亂也沒關係喔！

三、拍下屋況，減少雜物盲：很多雜物因爲堆了太久，堆到已經跟背景融爲一體，導致你完全沒有意識到它們的存在。如果你有雜物盲，請用手機拍下屋況。透過照片放大檢視，你會比較容易發現應該清除掉的奇妙物品。

四、別讓豬隊友在場妨礙進度：如果明知你的伴侶或老媽，會因爲滿足點較低而老是阻止你丟東西、罵你浪費，請趁他們不在家的時候動手整理，並且盡速將不要的物品送出家門，不要擱在門口想說等有空再處理。萬一東西又被豬隊友撿回來，你就白整理了。

整理的四大步驟

現在我要介紹整理的方法了。首先你必須了解一個很重要的觀念：如果你的O（目標）是改造某個空間，請以該空間爲主；如果你的O是進行通盤的整理，請以物品爲主，尤其是那種容易出現在家中各個角落的物品，像是衣服、書本、杯子、襪子等等。下面我將以通盤整理做爲說明的範例。

整理的第一個步驟是集中，再來是過濾、分類和收納。集中就是將同一類的物品集中起來，俯瞰它的總量，這個動作等同於盤點。過濾是以特定的條件進行篩選，然後淘汰掉不要的，只留下精華。分類是按照自己的邏輯來進行分類，方便日後拿取。收納是把東西定位在合理、順手的地方，方便日後歸位。下面我將透過整理衣物來向各位詳細說明這四個步驟：

一、集中

把你的衣服全部集中起來，攤在準備用來整理的那塊平面上，好比你的床面。如果衣服太多會堆成一座小山的話，不妨先針對一個小分類進行集中，例如先集中牛仔褲就好。不要把衣服留在衣櫃或整理箱內用「看」的，請全部拿出來集中。

集中之後俯瞰它的總量，就可以知道自己究竟擁有多少重複的款式了。比方說，光是淺藍色、有破洞的牛仔褲竟然就有五條，沒拆封的膚色絲襪甚至還有兩打！所以我常說：「理宅是理財的第一步。」光是減少重複購買，你就能少漏很多財喔！

二、過濾

先淘汰污汙損、變形、褪色、縮水、起毛球等狀態不佳的衣物，再把尺寸不合、穿起來不舒服的衣物淘汰掉。接著淘汰穿了會扣分，像是會顯老、顯胖、顯得你氣色差，以及那些看了就有時代感或版型走樣的過時衣物。然後淘汰掉你對它仍抱有夢想，但是你根本不會再穿的衣服，例如你爲了大學謝師宴而買的正式洋裝。

初步過濾一輪之後，請思考你希望呈現在他人面前的形象是什麼，並記下關鍵字。如果你寫的是「知性、幹練、俐落」，那麼即使衣櫃裡那些性感、夢幻、寬鬆和披披掛掛的衣服狀態良好、穿得下、穿起來也不扣分，你還是必須淘汰，因爲它們不符合你的願景。最後，你的衣櫃裡只會剩下你眞正需要的衣服，而這會讓你出門前的著裝速度快上許多。

三、分類

如果你的衣服多到衣櫃需要換季，當然是以季節來分類最爲合理。如果你的衣服不多，也可以依據功能、顏色、材質和款式來進行分類。依季節分類不需要多作解釋，以台灣的氣候爲例，頂多分成春夏和秋冬這兩類就行了。依功能分類則有兩種方式，一種是分成ＯＮ和ＯＦＦ這兩類，一種是將特定功能的衣服依運動、制服、禮服或表演服等類別各自收納。

我的衣服不多，所以我是粗分成ＯＮ和ＯＦＦ這兩類。ＯＮ指的是在職場或正式社交場合中所穿的衣物，這類衣物需要的是專業感和氣場；ＯＦＦ指的是在家裡或休閒場合所穿的衣物，這類衣物需要的是舒適、能展現自我風格，或是穿著時能行動自如又不必擔心弄髒。粗分後我會再按色系與顏色深淺吊掛排列，打開衣櫃時既賞心悅目又一目了然。

當然，你也可以依據材質和款式來進行分類，例如輕薄的夏日小可愛自成一類，厚重的冬衣外套自成一區等等。材質還可以再細分成吊掛和折疊這兩類，例如絲質、緞類、雪紡等滑溜易皺的材質不方便摺疊，所以必須將吊掛空間先讓給這類材質，而方便摺疊的材質則是全部折好之後，直立地收納在抽屜或是收納籃內。

四、收納

最後一個步驟是收納。

在收納方面有四個重點，一是「**適量**」，你必須將衣物過濾到只剩下眞正需要的數量，而且這個數量不能超過衣櫃的收納上限。二是「**適所**」，你必須將東西收納在合理且順手的位置才容易維持，例如帽子和手套可以放在玄關汙衣櫃而非臥室衣櫃。三是「**適性**」，如果你不愛摺衣服，就用吊桿掛衣服，不要設計層板和抽屜來讓自己折好折滿。四是「**統一**」，外觀各異的收納工具會增添視覺噪音，請採用外觀一致的收納盒或收納籃，將同類型的物品收整起來，這樣畫面才能維持清爽。

現在我們來看看問卷中具有共通性的一些問題。如果你也遇到了類似情境，不妨參考以下的回應。

Q 我一個人住十二坪的套房，裡面塞滿了東西，連地板都快看不見。平日上班很忙，沒空整理，雖然嚮往零雜物，但實在不知道該從何收起。

你有「零雜物」這個崇高困難目標，也有想整理的動機，現在缺少的只是明確目標和整理計畫而已。我的建議是，在實際展開整理之前，請先花半天的時間，把家中明顯是垃圾和故障物的物品清出家門。這個成果可能會是一個裝滿雜物的黑色大垃圾袋。

清完毫不費力就能取捨的垃圾之後，請找一塊能用於整理的乾淨平面。它很可能是你的床面，也可能是床與衣櫃之間的地面。接著，不妨觀察屋內數量最多的東西是什麼，是衣物、書籍、資料、3C、美妝保養品、玩具，還是可愛的小東西？得到答案之後，就從數量最多的物品開始下手，畢竟它是最容易影響到屋況的亂源所在。

由於「零雜物」不太可能一次到位，因此，先追求清出走道讓動線順暢，並且淨空各個檯面以減少視覺上的凌亂，會是比較合理的規畫。櫃內物品就先處理數量最多的那一種（以下OKR範例將同樣以衣物爲例），其他物品等日後有空再來細細篩選。

由於你平日上班很忙，週日最好別太累，因此設定利用週六整理，頂多利用週日將物品送出家門就好。整理前請務必準備好一面全身鏡、一支麥克筆、一些標籤貼紙、幾個垃圾袋，和三個用於捐贈、送人和回收的大紙箱。假設以一個月內達成目標爲限，或許你的整理計畫可以制定如下。

目標：一個月內整理完全家，執行期間是今年四月。

關鍵結果：

・KR1：清出家中走道，淨空所有檯面。
・KR2：衣物可全數裝進現有衣櫃。重新規畫櫃內的收納系統。
・KR3：降低視覺噪音，將房間改造成以白色和大地色系爲主。

行動方案：

・每週六至少整理八個小時，包含將物品清出家門。
・寫下價值觀、需求層次和滿足點，並制定取捨框架。
・寫出二至三組關鍵字做爲取捨衣物時的標準。
・添購全新的衣架和用於衣櫃內部的小型收納工具。

每日任務：

Week1 待辦事項清單

・清空床面。
・將所有衣物或同類衣物，包括衣櫃內的、整理箱內的、正在晾的、正準備洗的、披在椅背上的，全部集中在床面上。
・依內著（內衣褲、襪子、發熱衣）、上身衣物、下身衣物、洋裝、外套、功能服飾（運動服、制服、團體服、禮服）、配件（帽子、圍巾、手套）進行初步分類。

· 篩選內著。
· 篩選上身衣物。
· 篩選下身衣物。
· 篩選洋裝、外套、功能服飾。
· 篩選配件。
· 在本週內將破損或狀態不佳的衣物丟進垃圾車。
· 在本週內將狀態八成新以上的衣物丟進衣物回收箱。
· 清點剩餘衣物的數量，上網採買衣架和分類收納盒。

Week2 待辦事項清單

· 清空書桌桌面，暫時無法歸位的物品先裝進紙箱，日後再進一步過濾。

・清空床頭櫃檯面。
・清空茶几桌面。
・清空五斗櫃上方檯面。
・清空廚具流理檯面和壁面。
・清空衛浴洗手檯檯面和馬桶水箱上方檯面。
・清空地面上的雜物。
・清空大門和冰箱門上的各種磁鐵、卡片、相片與便條紙。
・清空牆面上的貼紙、卡片、相片、未裱框的海報和各種吊掛的裝飾品。

Week 3 待辦事項清單

・將開放式陳列的物品裝箱保護，貼牆家具勿靠牆。
・採購白色無甲醛漆料，將牆面和踢腳板粉刷成白色，床頭主牆爲奶茶色。
・待漆面乾燥後將家具復位。

・採購全白寢具，移除床面上的卡通抱枕。
・採購大地色系的沙發套和抱枕套，降低大面積的視覺噪音。
・請廠商來丈量尺寸，將現有的窗簾換成白色木百葉。
・移除色彩飽和度過高的門簾、浴簾、地墊和工作椅的靠墊。
・將紅色的開放式層架漆成白色。
・將衛浴內的清潔用品瓶身統一成白色。
・移除所有擺飾，挑出大地色系的款式重新布置，每處以一至三件爲限。
・在本週內將清出的物件送人或回收。

Week 4 待辦事項清單

・整理床頭櫃，移除與睡眠不相干的物品。
・整理書桌抽屜和書櫃，移除不符合價值觀和未來目標的物品。
・整理廚具收納櫃，移除不好用、不愛用、用不著的物品。

・整理冰箱，移除過期、不想吃、不愛吃的食物。
・整理電視櫃，移除不再使用的設備和光碟片、遊戲片。
・整理鞋櫃，移除狀態不佳、穿了會磨腳、無法與剩餘衣物搭配，也不符合關鍵字的鞋子。
・整理衛浴收納櫃，移除過期、不好用、用了會過敏的產品。
・整理陽台洗曬區域，移除過期的清潔用品、故障物、毀損的衣架和衣夾。
・在本週內將清出的物件送人或回收。

只要依上述方式制定ＯＫＲ，然後按部就班地執行，就能達到「在四月份整理完全家」這個明確目標了。等整理肌肉增強之後，你不妨再安排另一個明確目標與它的ＯＫＲ，如此一來，你的小套房就會越來越精簡，並且不斷升級成更貼近理想的狀態了。

Q 每次整理完某類物品，又會在家中其他地方發現那類物品，而且一旦買了東西又得重新整理，實在很煩。

「每次整理完某類物品，又會在家中其他地方發現那類物品」，這是因爲你在「集中」的步驟沒有徹底執行的緣故。以整理襪子爲例，襪子一般會收在衣櫃裡，但也可能收在玄關櫃內，被丟在沙發旁、床腳邊，或是掉在洗衣機附近。假使按空間別來整理，你可能今天在臥室整理到襪子，明天在客廳也整理到襪子，後天在玄關或工作陽台上還是整理到襪子。這麼一來，你會搞不清楚自己到底有幾雙襪子。

如果你整理完衣櫃，以爲自己只有十五雙襪子，於是買了容量剛好的收納盒，後來卻在別處陸續找到另外十雙襪子，那你是要爲多出來的十雙再買一個收納盒，然後打亂已經規畫好的收納系統，還是將二十五雙淘汰至十五雙呢？有些襪子你明明不想丟啊！所以，正確的做法是先去可能出現襪子的地方檢視一輪，將它們全部集中並進行篩選，剩下的才是眞正需要收納的對象。一旦最終數量定案，你就可以購買收納盒了，日後你只要以它的收納量爲上限做到一進一出，就不必再爲襪子的收納費心。

「一旦買了東西又得重新整理」，這是因爲你買了過量的物品。如前所述，如果最終數量已經固定，日後你只要「**一進一出**」即可。例如衣櫃內的衣物經過篩選後，最終的數量是八十件，而你也買了八十個白色衣架來降低視覺噪音，那麼只要衣物一直維持在八十件以內，衣櫃是不可能變亂的。因爲你必須先移除三件，才有再買三件的「資格」。我再強調一次，了解收納上限，讓物品不會溢出櫃體，就能使收納不至於失控。

Q 如何從購物狂成為極簡主義者？

身爲一個購物狂，「成爲極簡主義者」確實是個遠大變革性目的。它意味一個人從追隨消費主義，轉而追求簡化生活、減輕物質負擔、專注於重要事物，並藉此提升幸福感。爲了實現遠大變革性目的，我們必須將它拆解成具有挑戰性，但又不至於做不到的崇高困難目標，例如：清除家中雜物、克服購物欲望、實踐永續生活等等。

如果以「克服購物欲望」做爲崇高困難目標，它的明確目標可能是「一整年不買衣服、鞋子、包包、配件」，那麼它的OKR或許會是：

目標：一整年不買任何穿搭單品，執行期間是一月一日至十二月三十一日。

關鍵結果：

- KR1：一季省下三萬元治裝費，一年共省十二萬元。
- KR2：衣物現有數量爲兩百件，數量不能增加，且每個月需減少五％。
- KR3：針對此計畫寫一整年的部落格向讀者報告進度，一週更新兩次。

行動方案：

- 不花錢買穿搭單品，但可透過「一進一出」交換方式取得其他單品。
- 每月搭配出最美的五套衣服，平日上班一天穿一套，每週重複。

・將現有單品透過DIY改造穿出新意。

如果同一個崇高困難目標下的明確目標是「學習金錢管理」，那麼它的OKR或許會是：

目標：提高財務智商，學習投資技巧，執行期間是一月一日至十二月三十一日。

關鍵結果：

・KR1：設定預算，三個月內做到薪水不超支。

・KR2：六個月內減少三〇%的信用卡債。

・KR3：一年內建立緊急備用金，涵蓋至少三個月的生活開支。

行動方案：

・一季細讀一本理財入門書籍，並寫下心得。

・開設ABC三個帳戶。A帳戶負責保險費、旅費、修車費等年度支出。B帳戶負責房租、水電、日常開銷等每月支出。C帳戶負責儲蓄，只進不出。每月撥薪後先將四分之一的金額存進C帳戶，剩餘的金額才分配給A、B帳戶。

・下載預算倒扣制的計帳APP，連續記帳一年。

有了明確的OKR，接下來只要循序漸進地完成每一個關鍵結果，即使是購物狂也能節制消費欲望，建立理財紀律，讓自己朝極簡主義的道路前進。

・
・
・

下一章，我將說明已經開始整理，但卡在捨不得丟東西，或是願意丟掉東西卻不知該如何處理的苦主們，究竟該如何突破關卡。如果你也被同樣的問題所困擾，請繼續往下讀囉！

第四關
心結

捨不得丟、送不出去，
斷捨離的情感糾結

許多人搞不清楚整理和收納的分別。如前所述，整理包含一系列的步驟，收納只是最後一環，而其中最重要的步驟當屬「集中」之後的「過濾」。

然而，第一次接觸整理的人，往往無法判斷什麼東西該丟，什麼東西該留。丟的時候又經常猶豫再三，捨不得放手；或是認爲當初的入手價格很高，丟了會有罪惡感。他們在這個過程中，心情不斷地起起伏伏，等到眞的願意捨棄時，又不知道該把東西丟去哪裡。

可以想見，過濾的確是多數人在清除雜物時，最容易感到挫折的環節。

捨棄時的關鍵思考

取捨物品的標準因人而異，但以下這些關鍵字多少可以作爲取捨時的判斷基準：

・**實用性**：如果這個物品隨著時間的推移已經變得過時（例如錄影帶迴帶機），請處理掉。

・**功能性**：如果這個物品無法正常地發揮功能（例如故障的電扇），而且修復的金額過高，請處理掉。

・**可替代性**：如果這個物品的功能可以用其他的物品來替代（例如香蕉切片器），請考慮捨棄。

・**使用頻率**：如果這個物品的實際使用頻率很低（例如冰淇淋機），請處理掉。

・**空間占比**：如果這個物品占據了太多空間（例如不再彈的鋼琴），請處理掉。

・**情感價值**：如果這個物品與珍貴的回憶無關（例如商家大批寄送的賀卡），請處理掉。

・**喜愛程度**：如果這個物品無法令你感到快樂或滿足（例如前男友送的洋裝），

請處理掉。

．**為目標服務：**如果這個物品不符合你現在的生活方式（例如麵包機之於已經改採無麩質飲食的家庭），或是與你未來的目標不一致（例如傳統珠串門簾之於想改走北歐風格的屋主），請處理掉。

稟賦效應

如果你在理智上知道應該放手，但心理上就是過不去，有時原因可能是出自某些心理偏誤，例如稟賦效應和沉沒成本謬誤。

何謂「稟賦效應」？美國行爲經濟學家理查．塞勒指出，人們會因爲擁有某件物品而高估了它的價值，而且對這件物品的估價遠高過它不屬於自己的時候。這使人們誇大了所有物的價值而捨不得丟棄，丟棄時會覺得自己很浪費，或是在物品進入二手市場時，爲它訂了超出市場行情的價格，導致物品難以脫手。

諾貝爾經濟學獎得主丹尼爾．康納曼的實驗便是一例。他與同事曾經隨機地將咖啡杯交給半數的受試者。他們問第一組願意用多少錢賣掉自己的杯子，又問第二組願意為花多少錢買下那些杯子。結果，「擁有」杯子的人想以至少五．二五美元出售，但沒有杯子的人最多只願意支付二．七五美元購買。也就是說，光是「擁有」就已經使杯子的主人替它估出了較高的價格，而且也比較不願意割愛。

在另一項實驗中，杜克大學的行為經濟學教授丹．艾瑞利向抽中校園熱門球賽門票的一百位學生詢價，同時也問沒有抽中門票的學生願意出多少價格購入，結果抽到門票的學生索價大約兩千四百美元，而買主的平均出價則是一百七十美元，兩者差距達十四倍之多！艾瑞利認為，「我們熱愛自己已經擁有的東西」，而且「我們假設其他人看待這樁交易的角度會和自己一樣。」

在斷捨離的過程中，你難免必須面對稟賦效應。你可能會覺得你的東西獨一無二，要再找到如此不可取代的物品可能性不高，於是評估過後又將它們「暫時」擺回了雜物堆。囤積症研究者將這種把東西挪來挪去、反覆整理卻一事無成的行為稱作「攪拌」，而這種行為確實讓人在篩選雜物時很容易卡關，甚至把明明已經裝箱、裝袋準備要丟掉的東西，又再撿了回來。

爲了克服稟賦效應，我經常建議在衣服堆中攪拌的學員們，「請假裝你的衣櫃是個專櫃，看看你現在願意花錢買回家的衣服是哪幾件？」這麼問的理由有三：

一、你必須假裝那些衣物不屬於你，你才能理性地做出取捨。

二、「現在」意味著你並非因為過去和未來而保留，你是此時此刻就想穿它。

三、「願意花錢買回家」代表你想把辛苦賺來的血汗錢變成你喜歡的樣子，你願意為了穿它而付出代價。

根據我的經驗，如果請你挑出你要丟的衣服，十件裡面你可能只會挑出三件。但是如果請你挑出你想穿的衣服，十件裡面你可能還是只會挑出三件。那麼你不想穿卻不肯丟的那四件，便是食之無味、棄之可惜的雞肋衣物。換句話說，如果你只挑出你肯丟的，那些雞肋將一直停留在你的衣櫃裡無法代謝出去。以上這個方法也適用於整理其他的櫃子和收藏，只要把問題改成「請假裝你的櫃子／層架是賣場，看看你現在願意花錢買回家的東西是哪幾樣？」即可。

沉沒成本謬誤

讓人捨不得丟的另一個心理偏誤是沉沒成本，它指的是已經付出且無法回收的成本，例如大量的時間、金錢和資源，而這會導致一個人持續進行某件事情或某種消費。於是，你會硬著頭皮看完你已經付錢買票，但發覺並不好看的電影；你的衣櫃裡也可能堆滿了很昂貴，但你根本不會再穿的衣服。

一般而言，人都討厭失去，當收益和損失等量時，比起獲得收益，人們更傾向於避免損失，這就是康納曼與搭檔阿莫斯·特沃斯基所提出的「損失規避」現象。意思是，爲了避免損失，我們寧可讓已經消失的成本，非理性地影響我們未來的決策。

好比說，電影票已經無法退款了，此時該考慮的不是已經花掉的電影票錢，而是判斷要不要繼續看完難看的電影，讓自己花時間活受罪。又好比，你三年前花了五千元買下一件很難穿搭的古怪外套，外套不可能拿去店裡退貨，因此你該考慮的不是已經花掉的五千元，而是判斷要不要繼續保留少穿的外套，讓它在衣櫃裡面多占一個位置。

沉沒成本容易扭曲我們的決策，使我們帶著避免浪費和損失的想法，繼續某種可能會招致更多損失的行爲。如果我們繼續花時間看完一部爛片，我們就失去了運用這段時間去做其他事情的可能性。如果我們繼續保留那件外套，我們就失去了運用這個櫃內空間去收納其他單品的可能性，甚至失去了三年前就將它打折變現的可能性，而這些都是我們犧牲掉的機會成本。

我先回答幾個與過濾篩選相關的問題。

Q

我有許多收藏因為搬家而全部裝箱，但搬家之後就沒再打開過了。面對它們的心情很忐忑，不知該如何處理這樣的狀態？

恭喜你意識到問題了，畢竟有不少人搬家N年都沒把紙箱拆開來看過，而且下回搬家還打算繼續把未拆封的紙箱搬過去。而你，想必是動了捨棄它們的念頭才會感到忐忑。

要捨棄多年來的收藏並不容易，因爲花出去的錢全是沉沒成本。但是你會成長，也會改變，有時你就是不得不跟這些過往的遺跡說再見。只不過，你可能會因爲擔心自己很浪費而湧現罪惡感，或是認爲丟掉昔日的收藏，就彷彿丟掉了過去的自己。這些想法令你裹足不前，因此你寧可選擇不要開箱。

然而，目前你的收藏全部裝在箱子裡，看不到也摸不著，你只是「擁有」它們而已，它們完全無法發揮使用價值或觀賞價值。基本上，這跟你沒有它們是一樣的。

如果裝箱後與收藏的短暫分離，已經讓你體驗到即使沒有它們，你也能夠正常生活，那麼這或許意味著你其實不太需要它們的陪伴。假使你想確認這個事實，不妨進一步拉開你與它們的物理距離，將收藏送到別處暫存。倘若截止日期已到，你仍缺乏看到和摸到它們的衝動，這就證明你已經不再需要它們了。但如果你對它們依舊戀戀不捨，請好好地開箱檢視一番，然後視空間條件挑出較適合展示的部分陳列出來，這樣你擁有它們才會具有實質意義。

Q 過去的作品該如何整理？有地方送嗎？還是直接丟掉就好？

無論是塗鴉、創作或各種手作成品，每一項作品可能都代表了你當時的技巧、情感和整體狀態。近十年我手繪過很多空間透視彩圖，也畫過不少油畫。學生時代還有一大堆設計作業和攝影作業，以及當做興趣的縫紉成品——我眞的會把成品穿去上學。然而以上種種，我只留下了兩幅油畫而已，其餘全部丟得一乾二淨。

以空間透視彩圖爲例，我的想法是：它不具實用性，觀賞價值也不高，會再拿出來欣賞的機率極低。再加上我有信心能畫出更棒的作品，所以這些頗占位置的A1圖紙，我只要挑選其中幾張拍照留念就好，不是非保留實體不可。再以縫紉成品爲例，由於它們已經不符合我後來的穿著品味了，繼續留著毫無意義。既然如此，還不如丟進衣物回收箱來得省心。

而我之所以留下那兩幅十號的油畫，是因爲它們別具紀念意義。站在樹上的貓頭鷹是我學習油畫的處女作，另一幅掛在樹上的樹懶，則是表情與世無爭，讓人看了就覺得開心、放鬆。其餘的練習畫作我在某次搬家前夕統統丟掉了，連照片都沒拍，因爲我很清楚就算拍了我也不會回顧，那又何必多此一舉呢？

如果你打算整理過去的作品，以下是一些能協助你進行取捨的建議：

一、請思考你這次整理的目標或想達成的效果是什麼。例如想整理工作室或製作個人作品集。

二、將作品集中起來，並審視每一件作品，看看它對你而言是否仍然具有意義和價值。

三、選出你認為重要的作品。它可能呈現了你當時的情感，也可能代表了你的創作轉折。你可以進一步評估它是否適合觀賞，或者是否與目前的價值觀相契合。

四、如果收納空間有限，請用空間來限制數量。除了重要的作品之外，其餘請考慮捨棄。捨棄前不妨替它們拍張照片，保留數位影像做爲紀錄。

五、在社群平台上發布欲淘汰的作品照片，如果有人願意收藏，可以考慮贈送。但請別主動詢問某人是否願意接手你的作品。那人就算不要，恐怕也不好意思說出口。

Q 材質不錯的閒置物品，上網賣不掉又捨不得丟。那些東西要一直留著嗎？

當然不要。材質再好，如果你不使用，它最後還是會被放到受潮、發霉、變形、長蟲，除非你時不時就把它拿出來透透氣。但是，你有那個閒情打理它嗎？擺放它的空間以及照顧它的時間，都是你犧牲掉的機會成本。想想看，一直把它留下的你，是不是非理性的那一面贏了理性的那一面呢？

至於認爲它材質不錯、上網卻賣不掉，很有可能是你的稟賦效應在作祟。一來是它的材質並沒有你以爲的那麼好，只是因爲你「擁有」它才覺得它不錯；二來是你的開價可能過高，導致物品上架後一直乏人問津。

依據康納曼的咖啡杯實驗，擁有杯子的人想以至少五．二五美元出售，但沒有杯子的人最多只願意支付二．七五美元購買，後者是前者的五折左右。因此，建議你將價格訂在行情的五折以下比較容易成交。行情價指的不是你買入時的價格，而是出售當下的一般定價。以衣物爲例，百貨季末促銷通常都會打個三折，如果你選在那個時間點販售，二手貨打到一點五折將會更容易脫手。

Q 閒置的名牌包要保留嗎？

《斷捨離》一書的作者山下英子說過：「**斷捨離的主角並不是物品，而是自己，時間軸永遠都是現在。選擇物品的竅門，不是『能不能用』，而是『我要不要用』，這一點必須銘刻在心。**」

第二章我曾經以手工皂為例，說明我們提問時必須將主詞換成自己。偏偏這個問題跟前一個問題一樣，都是把「物品」當成了主詞，讓物品凌駕在自己之上。所以這個問題的正確問法應該是：「我想用這個名牌包嗎？我不想用時該拿它怎麼辦呢？」

價格高低不是重點。包包的沉沒成本已經產生了，理性的做法是不要賠掉後續的機會成本。會閒置表示你不想用，既然不想用，假設它又缺乏展示或紀念價值，那就沒有留下來的必要性。至於名牌包要怎麼捨？首先得弄清楚它是哪一種名牌。有些人認為只要是在百貨專櫃買的、叫得出品牌名稱的就是名牌；有些人則認為LV、Chanel這種等級的才叫做名牌。

無論如何，如果你認為它是名牌包，請拿去二手精品店估個價，或許你會發現店家根本不收，或許你會發現估出來的數字不到你心中所想的一半。這時請別一氣之下又把它帶回家裡擱著，要記得，這是稟賦效應和沉沒成本所造成的心理偏誤。直接捐掉或留在店裡廉售，都好過你把它擱在家裡擱到受潮、發霉、變形、長蟲，不是嗎？

這時你可能會說，我的東西既不是名牌，材質也不算高檔，我單純就是惜物怎麼辦？以下這些苦主也提出了類似的問題。

Q
我很念舊，整理到最後幾乎都在攪拌。現在已經搬到新家了，到底要如何處理留在舊家的雜物呢？

如果你的舊家已經賣出或即將退租，請以交屋日為截止日期，訂出明確的OKR

並徹底執行。如果沒有急迫的交屋日期，也請同樣訂出OKR，這會比只是瞎操心要來得好。但是，我猜你想問的並不是執行計畫，而是在清除雜物時應該抱持何種心態，所以，我打算說說我之前的經驗。

二〇一〇年底，我因爲噪音問題決定搬離自宅、另覓租處。從找房子到眞正離開只花了兩個星期。我僅僅帶了一些衣物、餐具、寢具、書籍、筆電和一些小家電，就從室內四十六坪的大房子，搬進了裝修、家具一應俱全的十六坪挑高小套房，剩餘的大型家當仍全數留在自宅。

在面積縮水將近三十坪的租處住了半年之後，我發現搬家時帶上的物品已經足夠生活，於是便將自宅的大型家電賣給鄰居，大房子則是連同所有的家具一併上網售出。

我的想法是，如果你的核心價値觀是安全感，被物品圍繞能讓你感受到幸福，請不要爲丟而丟。你不妨在新家騰出一塊空間，將舊家的雜物集中在那兒，然後在截止期限內細細地過濾、分類、收納歸位。不過，如果你想將物品減量，那麼不妨脫離舊家的雜物生活一段時間看看，屆時你可能會發現自己其實並不需要它們。

如果過了一段時日，你根本用不著那些東西，甚至第一時間也沒打算搬過去，那就表示它們一點都不重要。而最簡單粗暴的處理方式，就是請二手商上門收購大型物品，小型物品則藉由「open house」的機會分送給鄰居或是廉讓。千萬別指望透過網拍來變現，那只是在拖長折磨自己的時間而已。至於為什麼我不主張網拍，答案請見下一題。

Q 我有很多全新的小東西想斷捨離，但是捨不得丟，也有點想要變賣換一些現金回來，你會建議這麼做嗎？還是乾脆都用送的呢？

首先，有很多「全新的」東西想斷捨離，表示你將物品帶進家門時，標準稍嫌寬鬆。要麼你逛街購物時大手大腳，買了一堆不需要的東西；要麼你對贈品來者不拒，任何滿額禮你都像賺到了似的帶回家；要麼別人送了你你不想要的東西，但是你礙於情面不得不收下；要麼你在尾牙上抽到了用不上的小家電，卻想說也許哪天會用到而遲遲沒有處理掉。

眞正體驗過斷捨離的人都明白「請神容易送神難」——把東西帶回家很容易，要請它們離開卻是許多人的困擾。也因此，痛下決心丟過一輪的人，日後都會以更嚴苛的條件來看待「入門」的物件，否則等於是給未來的自己添麻煩。

其次，你想變賣換一點現金回來不是不行，但是這個過程曠日費時，而且極有可能導致攪拌現象。針對數百位學員的變現經歷，我的觀察與建議如下：

一、你可能需要替這些待售物品額外準備一個收納空間，而這會衍生出另一些困擾，例如這些東西要收在哪裡？要爲它準備一個整理箱或層架嗎？萬一東西賣掉了，爲它們而買的收納工具是不是又成爲雜物了呢？如果不買收納工具，東西一直堆在某處又相當礙眼，況且你也無法掌握它到底要堆多久才會售出。

二、如果你的工作是無給職，花點時間變現能讓你得到現金並無不可。但常見的網拍場景是，你因爲稟賦效應而訂了過高的價格，於是物品一直堆在家中的某個角落賣不掉，堆到你忘了它的存在。某天把它拆箱、拆袋地挖出來看，然後又展開了新一輪的攪拌。所以，請爲這個物品訂一個當下行情的五折價，如果超過你制定的截止日期仍未脫手，那就直接捐掉。

三、如果你是月薪四萬的上班族，以工作天數與每日工時來計算，時薪大約是兩百三十元。一件物品，光是拍照、修圖、測量尺寸、撰寫文案、回覆問題、得標聯絡和包裝寄送，可能就得耗掉你一個小時。如果某件物品的成交行情不到你一個小時的時薪，請評估它值不值得你如此大費周章，畢竟這些時間用來補眠對你可能更有益處。

四、不論你是全職主婦或是領月薪的上班族，我都建議你珍惜生命，不要浪費時間在小東西的「面交」上，因爲對方遲到、放鳥的例子不勝枚舉。有時你爲了克服罪惡感，非把物品妥妥地交到某人手上不可，但我更常看到的情況是，學員們懊悔自己爲了幾十塊、幾百塊，大老遠跑去等一個陌生人，結果還被陌生人晃點。

也因此，**我的建議既非變現，亦非送人。與其花時間等待買方出現，或是一一詢問誰要接手，還不如直接丟掉或是捐出去來得乾脆**，而這也是多數學員從各種慘痛經驗中學到的教訓。我知道此時一定有人會問，可是東西還好好的，直接丟掉不是很浪費嗎？關於這個鬼打牆的問題，我的回覆請見下一題。

Q

清理的過程中，為了讓物品用最快的速度離開我家，我常常直接拿去社區的資源回收處丟掉，但其實東西還好好的，只是我不想花時間在結緣和網拍上而已。結果丟出去之後又覺得自己很浪費，應該用更好的方式處理，所以這個星期以來總是有懊悔的心情在循環，請問我該怎麼想才會比較正面呢？

莫忘初衷。你的明確目標是清除雜物，而不是替每樣物品找個好人家嫁出去。「東西還好好的」這句話，一樣陷入了以物品為主詞的圈套。如果以自己為主詞，句子會變成：「我不想用這樣東西了，所以我用最方便省事的方式讓它離開我家。」這麼一來，將物品就近送去社區的資源回收處，無疑是最明智的選擇。你不僅不浪費，還省下了結緣和變現的時間以及連帶的機會成本。

一般人總認為把物品轉交給特定人士才是「好的」。但是你在網路上找的陌生人，跟從資源回收處把東西撿回家的鄰居或回收阿桑有何不同？他們一樣是需要那件物品的人啊！你的物品一樣幫助了別人。所以，請相信物品終究會去到需要它的人手上。這麼想，懊悔的心情是不是就能稍稍消減了呢？然而，如果此刻你的內心響起了「這麼做很不環保」的警訊，別擔心，下一題你就會找到解答。

Q 斷捨離和環保之間要如何平衡呢？我很擔心自己是個浪費的人。

在整理時遇到挫折的環保人士，往往堅信物品必須永續使用，如果不把東西用到爛、用到殘，他就不肯放手。萬一這種人的滿足點是「生存」，別懷疑，他家八成充滿了各種殘破但堪用的物品。

我的小阿姨在退休前是高中教師，她不僅三十幾年前就自備餐具，還「愛物惜物」到經常把別人淘汰的東西撿回家。力行環保的小珍也是如此，她留下了N年份的日曆和影印廢紙。她認爲如果不充分利用紙張的另一面，就是不環保的行爲。她雖然不希望家中堆滿紙張，卻無法將任何還有剩餘利用價值的「資源」送出家門，包括各種空瓶空罐。基於過往經驗，我推測她再這樣下去難保不會成爲囤積者，因此還是對她曉以大義：「永續不必由你一個人來完成，這些資源也能讓其他人使用並繼續發揮價值。」

我甚至還以擬人化的說法告訴小珍：「你家的空玻璃瓶原本有機會進入資源的循環，成爲廢玻璃砂，變成閃亮亮的馬路鋪面，非常驕傲地服務人群，結果現在卻窩在你家的廚櫃裡面不見天日，不知道什麼時候才會被你拿去裝你以爲自己有空醃的梅子，而你卻認爲這麼做比較環保？」

有些人的確是以「環保」之名行「資源回收」之實。如同第二章提及的，有些長輩退休後逐漸喪失自信，心想收集二手物資或多或少可以換點現金，以致住家變成了垃圾屋，對外卻號稱自己在「做環保」。學員小郁就曾分享以下案例：「當年搬家清出一堆舊報紙和舊雜誌。家人建議直接送給社區的回收阿桑，但公公不肯，堅持要我們拿去秤斤賣，結果才賣了幾十塊錢，車子的輪胎卻被回收場裡的廢鐵刺破。修車廠說基於安全，最好左右兩顆都換，最後花了好幾千塊。」

看了這個案例我眞是啼笑皆非。這不禁令我想起多年前一篇名爲「家像回收場，竹科夫休老師妻」的新聞報導。新竹縣一名國小老師，經常將學校的紙張、紙箱、塑膠袋帶回家隨意堆置，新居不時傳出臭味，不僅臥室無法睡覺，浴室無法洗澡，就連社區停車格也被她堆滿了回收物。在竹科任職的工程師丈夫七年來苦勸妻子無效，還飽受鄰居非議，一度痛苦到想跳樓自殺。地院法官認爲這段婚姻已難以維持，遂判准兩人離婚。

所以，**斷捨離和環保之間要如何平衡呢？答案是不要「因小失大」**。切莫因爲自己偏執的信念而犧牲家人的居住品質，也不要因爲一點蠅頭小利而造成更大的經濟損失。失去家人的愛、耐心和尊重才是眞正的浪費不是嗎？好，我理解此時一定有人會問，萬一我日後眞的要醃梅子卻沒有空瓶怎麼辦？事情沒那麼嚴重，我在下一題就會解答。

Q 我擔心丟掉之後又會需要用到，該如何調適心態呢？

這個問題要從兩個面向來解析。

一、請回想你上次用到這個東西是什麼時候，如果是上個星期，也許你不該丟掉它。如果你上次用到時已經是N年以前，那麼你再用到它的機率極低，東西只是堆在那兒生灰塵而已。況且，如果你想升級體驗，將物質滿足點從「生存」提升到「舒適」，從「舒適」提升到「美感」，那麼丟掉後等需要時再換個更好的，其實也沒什麼大不了的。

二、會擔心，表示你期待自己不會「犯錯」，但是一個人有可能不犯錯嗎？這裡我想介紹家族治療大師維琴尼亞·薩提爾女士的「冰山理論」。她以冰山來隱喻一個人的外部行爲和內在歷程。一個外顯的事件

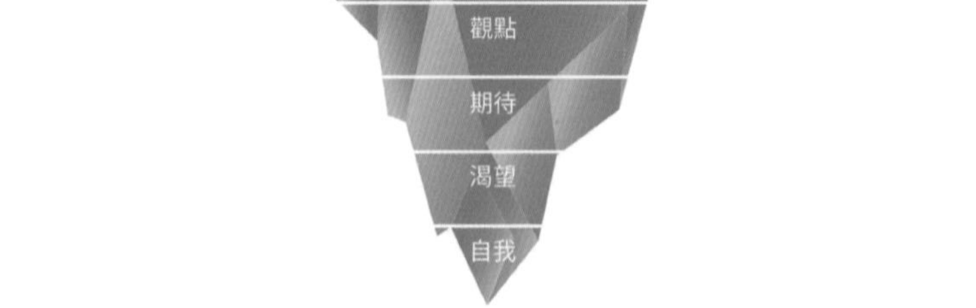

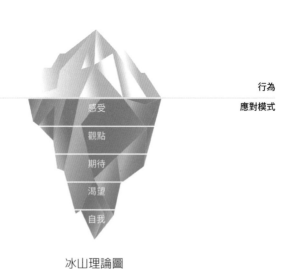

冰山理論圖

或故事，只是水平面上方可視的冰山一角，隱藏於水平面下方的感受、觀點、期待、渴望和自我，則是一個人幽微且豐富的內在層次。

在你的提問中，你的感受是擔心。你擔心自己丟錯東西會有罪惡感，也擔心日後還要花錢重買，自己會變成一個浪費的人。會有這種感受，泰半與我們的觀點有關。如同前面提過的，我們的觀點，諸如滿足點或金錢觀，多數時候是不假思索地沿襲自原生家庭，和一路走來學習到的各種經驗與規範。你或許曾經因爲扔了東西而遭到父母的喝斥，你或許曾經因爲想要一個更好的東西，而被父母指責是生來「討債」的。這些經驗都會形成你的部分觀點。

因此，你期待自己不再惹父母生氣，也期待自己不被視爲浪費之人。但你眞正的渴望其實是被愛與被認可。只可惜，你腦袋裡的迴路將丟錯東西與不被愛、被否定連結在一起，而這個信念導致你產生了這些擔心，讓你看不見在清除雜物的過程中努力付出的自己，也看不見這個努力付出的自己值得有人對他說一聲：「辛苦了，你好棒！」

唯有覺察到這樣的連結，你才能擺脫慣性思維，不再自我批判。下次再遇到類似的問題——我擔心丟錯東西，日後要重買／我擔心丟得太快，事後會後悔／我擔心送錯人，對方不珍惜物品時——請試著問問自己：一個人有可能不犯錯嗎？如果你犯了上述錯誤，你認同這個小小的過錯在斷捨離的路上其實瑕不掩瑜嗎？你還是會愛這個一步一腳印，默默執行待辦事項的自己嗎？假使後兩者的答案是肯定的，恭喜，你未來不會再被這類問題綑綁了。你會調適心態，繼續面對接下來的挑戰。

至於想醃梅子卻沒有空瓶，到時候你就開開心心地去買一個更好用、更漂亮的啊！

只不過，有些人就是很在意他人的想法，我們來看看下面這個問題。

Q

斷捨離時遇到一件令我耿耿於懷的事。某次我拿衣服去餵衣物回收箱，隔天朋友看到我要丟的第二批衣服，希望我可以送給她。我忽然覺得回收前應該先問問她的，於是原本回收時的爽感瞬間被懊惱給取代。好煩躁啊！怎麼辦？

如果朋友沒有看到你要丟的第二批衣服，這件事情根本不存在。你之所以感到煩燥，是因爲你認爲自己丟的第一批衣服被浪費了。而這個浪費又分爲兩個層次，第一個層次跟前面的問題一樣，你執著於要將物品交給特定人士，只要落入不知名的人手裡，你就覺得可惜。第二個層次是，有個順水人情可以做，你卻沒做，你心裡同樣覺得可惜。

所以你的觀點是什麼？是東西應該優先送給認識的人，沒有在第一時間就讓朋友挑過，你便是個不講義氣、不顧友情的人嗎？在你的成長過程中，是不是曾經因爲親友的抱怨，使你有了這樣的認定呢？你期待這麼做能證明自己是個大方的人，也期待他人因爲你的付出而給予友誼或是更穩固的關係，但你眞正的渴望很可能是被接納與被肯定。

你沒有欠你的朋友，就算她跟你要，你也可以不給她。她跟這件事情毫不相干，唯一相干的是你的內在歷程。難道將衣物送給陌生人的你就不值得被接納嗎？難道將衣物以最快速的方法送出家門，就不值得受到肯定嗎？想想看，如果朋友挑三揀四，她挑剩的衣服你同樣得送進衣物回收箱，而且你清掉衣物的速度還會被她給拖慢。因此，你該懊惱的是丟衣服時被她看到，而不是沒有先問過她。

話雖如此，有些人的煩惱是明明想把東西塞給朋友，卻不希望造成朋友的壓力。我們來看看這種狀況要怎麼解決。

Q 我希望物品能送給會珍惜的人，但又不想強迫朋友收下，該如何是好？

首先我想問你，你要如何確保接手者會珍惜呢？去他家檢查嗎？請他交使用報告給你嗎？如果以上皆不可行，事實就是你根本無從得知真相。既然如此，無論是朋友給你一個片面之詞，或是陌生人給你一個片面之詞，意思都是一樣的。換句話說，你送給朋友或送給陌生人，就結果而言沒有分別。

其次，你傾向於相信送給朋友就能控制物品的下場，這暗示了你很可能會時不時就問對方：「東西好用嗎？」「東西還在嗎？」「東西是不是依然運作良好？」如果我說中了你內心的OS，或許你根本還沒有做好割愛的心理準備。與其折磨朋友，不如送給從今而後將無法聯繫的陌生人還比較恰當。

最後我要送給各位一個大哉問，而它的答案其實再清楚不過。

Q 我想把東西結緣出去卻沒人要，公益團體也不收，怎麼辦？

你不想要、連免費送人都沒人要的東西，請問你在糾結什麼？它就是百分之百的垃圾啊！請直接丟掉或回收即可，不要再替它傷腦筋了。結案。

現在我來總結一下，到底該怎麼把不要的東西送出去。我越推薦的方法排序越前面：

一、**直接丟掉或是回收**。這個方法簡單明瞭，我就不多做解釋了。

二、**透過社區line群組或當地臉書社團送出**。採用這個方法的好處是可以請對方盡速自取，但送東西的幾個小技巧還望各位務必牢記：

①替物品拍一張團體照，不要一個一個拍，這不是網拍，不必太費工。

②物品採福袋概念。你可以要求團體照上的所有物品都必須由同一個人接手，不給挑，要的人請自取，對方不要的部分請他自行處理。

③有時上網PO贈送文時，會有不止一人想要卡位排隊，建議你直接送給能最快自取的人，讓物品越快離開你家越好。

④如果你願意讓人挑選，請替團體照上的每樣物品標上英文字母或數字，想接手的人可以直接告訴你「我要B、C、E」或「我要1、2、4」，這樣既省時又省事。

三、捐給公益團體。採用這個方法的好處是可以消除丟東西的罪惡感，壞處是主辦單位通常會限時募集某些品項，萬一時間配合不上，你清出來的物品很可能會堆著堆著又被豬隊友給撿回來。

四、送給親友。採用這個方法的好處是，很在意物品去向的人可以持續監控對方，壞處是親友多半不會照單全收，所以挑三揀四一陣之後，你還是得處理剩下的物品。

五、網拍。採用這個方法的好處是你或許可以換回一些現金，壞處是你無法控制售出的時間，以及對方會不會棄標，而這可能導致物品在家裡堆上一段很長的時間。

●　●　●

下一章，我將進一步探討整理到心累、浮躁、倦怠、想逃時，該如何自處。如果你也卡在這一關，不妨繼續讀下去。

第五關
激勵

整理是選項，不是責任，

不需要做到心累

一旦開始整理，著手取捨，勢必會遇到體力不支、精神不濟、情緒不好、萬念俱灰的低潮時刻。我從接手媽媽的海量遺物，到實踐零雜物的狀態，一共花了四年多、將近五年的時間。經常有人問我，如果整理無法一次到位，要如何安撫自己浮躁的心情？也不時有人問我，處在亂糟糟的房子裡，面對整理的倦怠期究竟該如何度過？

斷捨離很耗能量。整理期間的集中、過濾、分類和收納，需要專司邏輯思考、溝通、判斷、決策、規畫和控制的大腦前額葉皮質不停運作才能達成，所以整理不是只有身體在勞動，心也特別容易疲累。這種心累除了來自於不斷地決定要或不要、東西要怎麼分類和收納，也來自於物品所牽動的負面情緒，例如憤怒、悲傷、懊悔、羞愧、嫌惡、失望、心碎、氣餒等等。所以浮躁很正常，有倦怠期也很正常。

整理是選項，不是責任

先說說我是怎麼度過這四年多、將近五年的時間。我整理的起始點並非屋況混亂，而是東西太多。在這些東西裡，有好大一部分是媽媽的遺物，整理起來尤其吃力。當時的我能做到盡量讓檯面淨空，櫃內收納得整整齊齊就已經很了不起了，我不會爲了櫃內的物品未經篩選而譴責自己。沒有自責，便不會因爲壓力和焦慮而產生浮躁感。換句話說，「零雜物」是我貼近自由的手段，而不是做不到就會讓我煩惱到頭疼的緊箍咒。

目標是自我精進的方向。朝著符合價值觀的目標前進是一件幸福的事。有做到很好，沒做到也可以保持動機，擇日再戰。很多人深以整理爲苦，因爲他認爲自己應該要整理、應該會整理，或是認爲別人應該要按照他的想法和標準來整理。但誠如第一章所闡述的，整理是一個選項，而不是一種責任。

有些人喜歡被物品包圍，因爲那是他安全感和幸福感的來源。對於這類人，我認爲只要做到「減害」即可，不見得一定要整理到窗明几淨才行。同樣的，家裡有大寶二寶三寶四寶的媽媽們，只要能讓一家人在屋內走動時安全無虞就很棒了。與其追求開門就能見客的清爽屋況，我認爲先設置一塊個人空間，讓自己在忙於家務和育兒的同時，能有個可以稍稍喘息、恢復能量的場域還比較合理。

請接受現況已經是你盡了全力的結果。**有了基本的六十分，你再設定一個符合價值觀且具有挑戰性的目標，那麼日後你跨出的每一步都會是加分，達成的每一個關鍵結果也都值得興奮**。然而，如果你將現況視爲災難，將目標視爲及格，每次整理的結果只要不如預期，你就給自己扣分，那麼整理就會變成一件壓力很大的苦差事。試著把整理從「I have to」變成「I want to」，試著把你的角色從監考官變成啦啦隊，你會比較樂在其中喔！

回到我的故事上。由於我的崇高困難目標是「零雜物」，因此往下一個層級的每一個明確目標都是「減量」，只是鎖定的物品類別不同、執行的期間不同而已。我當然不是天天整理，而是走走停停，等時間點對了，有FU了才會動手。動手前我一定會制定執行計畫、備妥相關工具。例如，我絕對不會等文件整理完了，才想到自己沒有碎紙機。我會事先準備好，一邊翻閱文件，一邊碎掉淘汰的部分。這在某種程度上可以提升效率，並且有效地降低煩燥感。

重點是，**每天睡前我都會將屋況恢復原狀，不會讓混亂的狀態延續到隔日**。這麼做有三個好處：一是我不會對混亂習以爲常，進而養成一直亂下去也無妨的苟且心態。二是同住者不會因爲我越整理越亂，而對我清除雜物的行爲嗤之以鼻，甚至抱持反感。三是我隔天醒來不會有任務「未完成」的壓力，這能幫助我在執行期間盡可能地保持動力。

有整理經驗的人都知道，整理期間的屋況通常會比平時亂上許多，因爲平日妥善隱藏的東西都被「解壓縮」了。如果不盡速處理完畢，不僅視覺噪音令人抓狂，動線受阻也會讓其他的同住者心生不滿。

第三章提過，如果你明知你的伴侶或老媽是豬隊友，請趁他們不在的時候動手整理，免得他們妨礙進度。但如果你的同住者不是豬隊友，我會建議你在整理計畫開始前，先告知對方預計會亂上多久，例如一個下午或是三個整天，讓他（們）能有個心理準備。假使原本屋況的混亂程度在一到十分之間大約是六分，整理時增加至八分，那麼請在整理告一個段落時，盡速將淘汰的物品送出家門，並盡可能在截止期限前將亂度回復到至少五分，這樣才不會讓同住者反而變成了反對者。

或許你會問，才減一分難道不是在攪拌嗎？當然不是！把東西挪來挪去、反覆整理卻一事無成才是攪拌。只要有一點點進展，哪怕只是扔掉幾張舊履歷，都是值得加分的行動。

整理本來就無法一次到位。隨著經濟能力的提升和生活體驗的擴充，你的需求層次和滿足點有可能會發生變化，你的審美可能會因爲更多元的文化衝擊而扭轉，你對某個物件的依戀程度，也可能因爲你與某人的關係生變而有所增減。

因此，每次設定一個明確目標，啓動一個執行計畫，你都會基於不同的標準重新審視物品，做出更符合當下心境的取捨。也就是說，即使是同一個類別的物品，每次整理你還是能再捨棄幾樣東西。這是一個沒有止境的過程，所以請放過自己，別再有不切實際的期待了。

倦怠期與意志力

再來談談倦怠期。整理的本質就是取捨和判斷。經過長時間的整理，前額葉皮質的功能可能會減弱，導致決策的能力、速度和品質降低，難以繼續維持專注力並保持動機，這就是所謂的「決策疲勞」。另一方面，如果整理時受物品牽動的負面情緒太多，處理情緒的杏仁核過度活躍，也很容易引發倦怠感，造成自我控制能力，也就是意志力的下降。

以我的經驗而言，讓屋主或學員連續整理三到四個小時已經是極限了，時間再長他們就容易精神渙散、躲避決定，甚至容易發脾氣或乾脆躺平。如果你預留了一整天的時間進行整理，記得中間要安排短暫的休息；如果你在崇高困難目標之下設定了數個明確目標，請記得在執行每個明確目標之間也要適度放鬆，不要沒有節制地狂操自己。

研究意志力的心理學家羅伊．鮑梅斯特認爲，意志力就像肌肉一樣，會因爲過度使用而疲乏。而且意志力是限量供應的，你用來處理各種事情的意志力是來自於同一個帳戶。當你把它用在某件事情上時，能用在後一件事情上的意志力就會變少。他在《增強你的意志力》一書中指出，決策會耗損意志力。他還提出了「自我耗損」這個名詞，藉以描述人類約束自我思想、感受和行爲的能力衰退。

可想而知，過多的決策會導致自我耗損，因此鮑梅斯特建議，一次專注於一項工作就好。這也可以解釋，爲什麼蘋果的賈伯斯和臉書的祖克伯要天天都穿一樣的衣服，因爲他們可能不希望一起床就爲了穿搭而耗損意志力。對他們來說，與其把意志力花在選擇衣物上，還不如專注在有願景的工作上來得更有價值。

延伸來說，如果你安排在假日上午召開家庭會議，討論各種燒腦的裝修和採購決策，那麼就算你預留了一整個下午要進行整理，你的意志力恐怕也已經消耗大半，整理的成效將不如預期。另一方面，如果你一邊克制著罵老公、小孩的衝動，一邊不斷地試圖篩選衣物，你不僅可能情緒失控，也可能無法好好整理。所以，如果你打算取得良好的整理成果，請在意志力最強的早上就開始進行，並且盡可能地保持心平氣和。

鮑梅斯特在研究中發現，當意志力變薄弱時，人會變成一個想要避免取捨以保留精力的「認知吝嗇鬼」。同理，對整理產生倦怠感的人也是如此。他透過實驗得到一個令人訝異的結果：吃東西很重要，「沒有葡萄糖，就沒有意志力。」思考會用掉血液中大量的葡萄糖，所以整理時不能讓血糖太低，吃點糖或甜食可以迅速提升意志力。而由於休息可以降低身體對葡萄糖的需求，因此「累了就睡覺」也是很明智的選擇。

這位意志力專家提醒大家，利用糖分來增強意志力不是不行，但是體內的糖分暴增之後就會急跌，反而會使人感覺更糟，因此並不適合做爲長期策略。最好的方法是選擇升糖指數較低的食物，例如「蔬菜、堅果、水果（蘋果、藍莓、梨子等）、起司、魚類、肉類、橄欖油和其他的『好脂肪』」，讓食物慢慢地轉換成葡萄糖，以維持穩定的自制力。總之，整理期間請攝取正確的食物，別讓自己餓肚子就對了。

WOOP法則

除了提升意志力，消滅怠惰的另一個方法是未雨綢繆，事先分析在執行任務時可能會遇到的阻礙。而這個方法就是紐約大學心理學教授加布里艾兒．歐廷珍在《正向思考不是你想的那樣》一書中所提出的「心智對比」。

「心智對比教導我們可以懷抱夢想，但接著還得想像妨礙夢想達成的個人障礙。」歐廷珍表示，「也許人們害怕的是，若將夢想直接對照到現實，會把自己的熱望給碾碎，結果變得更了無生氣、失去動力，反倒受困其中。但事實並非如此。執行心智對比時，會助你得到能量來採取行動，並在指明打算採取什麼樣的行動並克服障礙之後，你會變得更有活力。」

一言以蔽之，心智對比就是將想像中的理想未來，與現實中可能遭遇的困境進行比較，並逐步縮小兩者之間的差距。而縮小差距、提升目標達成率的實踐方法，依據歐廷珍在動機科學領域長達二十年的研究，可以簡單地濃縮成WOOP這四個字母，它們分別代表了：**願望**（Wish）、**結果**（Outcome）、**障礙**（Obstacle）、**計畫**（Plan）這四個步驟。

願望就是你想達成的目標。它必須有些難度，而且你認爲自己有可能在一定的時間內達成，例如一天、一週、一個月或一年。如果你在同時間內有好幾個目標，就必須選出一個最重要的。回想一下，這是不是跟設定OKR的目標和截止日期很像呢？而多個目標只能先挑一個執行，也呼應了鮑梅斯特的建議：一次專注於一項工作就好。

結果是達成願望之後會發生的最佳情況。歐廷珍建議我們盡可能生動地去想像相關事件和經驗，這是不是很接近吸引力法則裡的「觀想」呢？事實上，在腦神經科學方面的研究已經證實，我們在腦海中創造的經歷，是有可能重組大腦迴路，擺脫過去、打造未來的。喬．迪斯本札醫師在《未來預演：啓動你的量子改變》一書中提及的「內心預演」，也是類似的概念。

障礙指的是防礙你達成願望和解決問題的內在障礙。它可能是「一種行爲、一種情緒、一個妄念、一股衝動、一個惡習、一個妄下的結論，又或者只是一個無傷大雅的虛榮舉動」。歐廷珍提醒我們誠實地看待自己，並建議我們同樣盡可能生動地去想像相關事件和經驗，但請務必先想像正向結果再想像負向阻礙，否則你很可能會因此而失去動機。

計畫意味著提出一個想法或一個可採取的行動，然後思考下回障礙會出現在什麼樣的時間和地點，並爲它擬定一個「若則計畫」，亦即「若X障礙在○時○地出現，我就以Y行爲來應對」。這可以用來克服對失敗的恐懼，讓你相信自己做得到；也可以用來檢核目標是否具有可行性，讓人放下異想天開的幻想，專注在更務實的目標上。

如果你現在正處於整理的倦怠期，請把你預期可能會遭遇到的障礙條列出來，然後加上若則計畫，並在心中重覆數次。若則計畫的寫法是「若（如果）————則（就）————」，我大致舉例如下：

・如果整理到很累，我就去睡一會兒，睡醒之後我又會是一尾活龍。
・如果整理到精神渙散，我就去吃點東西，例如蘋果或堅果。
・如果整理時豬隊友忽然回家，我就火速恢復屋況，再想辦法微調OKR的時程計畫。
・如果我覺得整理成效不彰，我就替淘汰掉的物品拍張照，用既有的成果來激勵自己。
・如果採買收納工具的預算不足，我就分次採買，守住品質，絕不將就。

現在，你有了**願望**（OKR裡的O）和**結果**（OKR裡的KR與各種空間美圖），已經思考過一切**障礙**，也擬定了克服各種障礙的整理**計畫**，可以說，行動方案已經相當完整。即便你在過程中發現關鍵結果和截止日期脫離現實，現在也還來得及調整，所以不需要太有壓力，也不必因爲焦慮而疲軟喪志。凡事都有彈性，只要你能持續往目標前進就好。

獎賞預期誤差

前面曾提及，大腦前額葉皮質的功能下降和杏仁核的過度活躍，容易引發倦怠感。從腦神經科學的角度來看，整理時出現倦怠感也可能與大腦的獎賞系統有關。

多巴胺是一種獎勵機制，它的分泌會使我們產生動機和欲望。當我們預期得到獎賞時，多巴胺會趨使我們從事那個能得到更多獎賞的行爲。但如果你預期某件事情的結果是好的，成效卻不如預期，多巴胺的分泌量便會減少，你就不會想再做這件事情。相反地，**如果你對某件事情沒有太大的期待，結果卻超乎預期，多巴胺的分泌量就會變多，你也會更願意持續去做這件事情。這就是「獎賞預期誤差理論」**。

如果整理讓你很痛苦，有可能是你的多巴胺分泌量不足所造成的。假使你對整理抱持著好高騖遠的想法，例如下班後憑一己之力，在一週內整理完堆滿三十年雜物的透天厝；或是期待用高於市場行情的價格出售你的二手公仔，那麼萬一整理的成果低於預期，公仔也乏人問津，你的多巴胺分泌量就會少到讓你沒有繼續整理或網拍的動力。

然而，假使你把整理當做是一種獎賞，把面對整理的心態從「I have to」變成「I want to」，讓大腦爲整理這件事情建立一個穩定的新迴路，日後你就更容易對整理上手，也更容易獲得預期中的成果。此時，多巴胺的分泌量會增加，這將促使你更有動力去整理，甚至對整理這個行爲上癮。

還記得第一章提過的那幾位美國整理師嗎？由於他們在整理方面看到了自己的進步和助人的潛力，於是對整理上了癮，甚至逐漸將整理視爲一種使命和天職。很顯然，多巴胺在這個過程中扮演了推波助瀾的重要角色。

順道一提，如果你還沒有調整ＯＫＲ中脫離現實的關鍵結果和截止日期，請理解這會導致你的整理結果不如預期，從而造成多巴胺的分泌量不夠，屆時你沉溺在倦怠期太久或半途而廢也就不足爲奇了。也就是說，你好歹要把靠自己整理完整棟透天厝的時程，從一週拉長到具有挑戰性但仍屬合理的程度，或是意識到稟賦效應在自己身上的作用，進而調整公仔的售價。

下面我要回答一些來自於問卷的留言。留言者都是已經整理到身心俱疲，或是心理上有點過不去的苦主們。我們來看看他們的困境是什麼。

Q 老公和小孩一直抱怨斷捨離讓他們生活不便，還質疑為什麼公共區域需要保持整潔。家中每天上演你丟我撿的戲碼，我一邊整理一邊覺得自己很苦命。怎麼辦？

辛苦了。我明白你的無奈和委屈，這種徒勞無功的事情要堅持下去並不容易，而本書一開始就提及的問卷結果也顯示，有三七．八％的人表示，自己一整理完，房子很快就會被弄亂，所以你的情況並非特例。事實上，這是很多家庭不斷引發爭執的導火線。

不知道你是否聽過薛西弗斯的故事。在希臘神話中，他因為惹怒眾神而被懲罰要將一塊巨石推上山，但每次他將巨石推到山頂，巨石就會因為自身的重量滾回山下，於是他只好再次下山將巨石推回山上。日復一日，永無止境地重複下去。成為家中老媽子的你，會不會覺得自己是薛西弗斯的翻版呢？

我搜尋各大論壇，發現虎媽們調教家人的做法都很直截了當，例如美國就有虎媽在地下室樓梯口放了一個大籃子，誰敢把個人物品遺留在公共區域，她就把東西往下一扔，於是書本可能會受傷、衣服可能會變皺、玩具可能被摔爛，反正想拿回物品就得自己下樓去翻翻找找。還有虎媽是直接把孩子們的個人物品一一丟回各自的床上，包括他們吃剩下的披薩！於是床單可能會沾上油漬，床上的其他衣物也有可能受到波及。

虎媽們認為「超人旁邊必有廢人」，要是她一直跟在家人後頭收拾，物品又一直完好無缺，家人就學不會物歸原位這件事。最激烈的方法當屬直接將亂丟的玩具和衣物丟進垃圾車，即便是全新的物品也難逃毒手。上述鐵腕做法在這幾位虎媽家中確實發揮了功效，不出一、兩週，所有家庭成員都不敢再讓個人物品流落在外。然而，這麼做其實也很傷害感情。有些仇，家人眞的會老老實實地記上一輩子。

除了虎媽，喜歡分享成功案例的還有以整理爲業的整理師們。他們可能會說自己教導屋主運用某種話術，於是屋主的家人就開始乖乖地斷捨離了；抑或是他們讓屋主聽了某個眞實案例，對方心有所感，便立刻開始大丟特丟云云。

我相信這些都是事實，但它們很可能帶有「倖存者偏差」，因爲失敗案例並不會被書寫出來。如果你相信你用這些方法也能成功，結果卻毫無成效，這會造成你以爲別人做得到、你卻做不到的自我懷疑，於是你的多巴胺分泌量將大大減少，日後全家人一起對屋況擺爛的機率也會升高。

我想提醒的是，每個人對凌亂屋況的耐受程度不同。有些人無法容忍地上出現頭髮，有些人只要床上空出一個人形就能安然入睡。你老公的生活習慣可能是承襲自原生家庭（他們全家人都不在乎屋況），可能是源自於他的價値觀（舒適、任性、放鬆、享樂），可能是他將生活重心擺在對他而言更重要的事物上（工作、遊戲、運動、親子關係），可能是他的需求層次和滿足點不高（生存、安全），可能是他對家的想像就是如此（複製原生家庭的混亂屋況以營造熟悉感），也可能是他一整天在外面已經用盡了有限的意志力，回到家裡就只想休息而已。

如果你和先生的立場不一致，就難以對小孩採取一致的教養標準，而小孩很可能會受到父母的行爲影響，長成一個不整潔的邋遢人，或是一個邊抱怨邊收拾的苦命人。不過這裡不談教養議題，我甚至認爲在孩子的成長期，最好能把對屋況的標準放低一點，不要爲難自己。說得更冒犯一點，你是寧可小孩活潑搗蛋，還是寧可小孩生病臥床讓你費心照顧呢？所以重點在於調整自己，並與另一半有效溝通，畢竟孩子是看著父母的背影長大的。身教不良，小孩通常只會有樣學樣。

我能同理屋況一再變糟，卻好像只有你一個人在乎的窘境。你認爲自己是個受害者，你的付出不被珍視。你一方面愛家人，一方面又氣他們的不體諒、不配合，這導致你的內心有很多自相矛盾的焦慮和不安。也許你總是跟在老公、小孩的後頭默默收拾，也許你是邊嘮叨邊整理，甚至把他們全都點名罵過一輪也不一定。如果是後面這兩種情境的話，在老公和小孩的心目中，說不定你才是那個破壞平靜和舒適感的加害者哩！

標準不同卻必須一起生活，基本上就是一種修行，以你的處境一定更能體會才是。但我想指出一點：你會持續這麼做，必然從中得到了某種好處。這個好處可能是你盡到了照顧者的本分，自認爲已經達成了長輩對你、或你對自己的期待而心安理得；這個好處可能是你透過當個老媽子來確認自己的存在價値，認定這個家是因爲有你才得以維持；這個好處可能是你因此練就了更有效率的整理技巧，對你個人而言是一種進化；這個好處也可能是你得以短暫地享受清爽的屋況，只不過這顆巨石很快就會再滾下山。

你或許認爲家裡應該要窗明几淨，也期待每個家庭成員都能共同維持屋況。我建議你可以運用第二章提及的「非暴力溝通」跟老公談一談，看能不能協調並妥協出一個雙方都能接受的屋況標準。萬一不行，請記得一件事，他們對屋況的要求如果只有五十分，而你的要求是八十分，那麼你爲了達到八十分屋況所做的付出，其實是爲了自己而做的，畢竟你大可以像問卷中那三四．五%的人一樣「放給它亂」。因此，不需要去埋怨家人，只要把整理當成像洗澡一般的習慣，當做那是在做你自己想做的事情就行了。

在斷捨離的路上，你的家人仍是白紙一張。你不妨以學姊之姿讓他們理解這麼做

的好處，並且讓他們看見你在整理時的愉悅。這麼一來，或許他們會願意入門當你的學弟妹；就算他們沒有意願，你還是可以持續做你想做的事情不是嗎？但果你在整理時老是愁眉苦臉、滿腹牢騷，還會對他們大聲斥責，在他們的心目中，整理就等同於受罪和折磨，那麼他們不僅不會想成爲你的學弟妹，說不定還避之唯恐不及呢！

曾獲得諾貝爾文學獎的法國作家卡繆在哲學隨筆《薛西弗斯的神話》中談到，薛西弗斯明白自己的悲慘狀態，在蹣跚下山的過程中，他有時會沉浸在悲哀之中，但有時也會感到喜悅，因爲他意識到推巨石的荒謬性，同時也感受到命運的確定性。「當我們認命時，沉重的事實便破碎無存。」卡繆認爲，直視荒謬並努力奮鬥上山這件事情，本身就足以「使人心充實」。因此，他認爲薛西弗斯應當是快樂的。

如果你想矯治（沒有整理動機的）家人，有很高的比例你會感到失望。如果你離不開家人，那麼做爲家中的薛西弗斯，接受自己就是必須推石頭，並從中找到好處、意義和價值，或許會比期待家人改變卻不可得要來得積極一些。

Q 有些東西雖然用不到了，真的要丟又覺得非常捨不得，好像是把一部分的自己丟掉一樣。雖然有試著好好說再見，但拿去丟的時候又撿了回來，這種心情好折騰啊！我該怎麼辦呢？

理智上你知道精簡物品是有益的，情感上卻對這個決定感到猶豫和焦慮。這種衝突可能涉及你對物品的情感依附。這些物品承載了過去的記憶、情感和生活點滴，因此在某種程度上被你視爲過往身分和生命經驗的象徵。由於丟掉物品等同於告別過去的某個階段，你因此產生了身分認同方面的危機。

物品也是安全感和慰藉的來源之一。丟掉物品會令你感覺頓失依靠，進而導致緊張、焦慮以及對未來的不安。有這些情緒很正常，把東西撿回來也可以解釋爲一種自我保護機制。只能說，你與物品的連結較深，你會需要更多時間慢慢地跟它們說再見。或許你可以嘗試前面提及的WOOP法則，它的操作步驟如下：

一、先為這個「告別計畫」（W）設定一個截止期限。例如：一個月。

二、想像達成這個願望以後的最佳結果（○）是什麼？達成這個願望你會有什麼感覺？請發揮想像力，沉浸在這個想像之中，例如：家中不再有用不著卻占位置的雜物，室內變得更開闊、更清爽、更好打理。舉目所見沒有視覺噪音，一回家就讓人感到放鬆又平靜，簡直是飯店等級的高檔享受。

三、找出你的阻礙（○），思考是什麼在阻擋你實現願望？你內心最大的障礙是什麼？請發揮想像力，沉浸在這個想像之中，例如：我內心會覺得非常不捨，好像把一部分的自己丟掉一樣。我感覺過去的某個人生階段也將隨著物品的消失而消失。

四、制定一個若則計畫（如果——就計畫），思考你要做些什麼才能克服障礙？至少要說出一個你可以積極採取的方法，例如：如果物品與回憶有關，我就替它拍張照片、跟它合影，或是在鏡頭前面細數關於它的故事，錄影存檔。然後我會將物品收在一個看不見內容物的箱子裡，讓自己逐漸減少對它的依賴。所以，你的若則計畫可能是：「如果我感覺丟掉東西就像把一部分的自己丟掉，我就替它拍照、錄影然後放進箱子裡。」接著慢慢地重複這句話，直到你牢記爲止。

五、在截止期限內，帶著感恩和祝福的心向這個物品說再見。完結你們之間美好的緣分。

改變會痛，但是沒有付出掙扎和代價，你就達不到期待的目標。試著不去在乎那個痛，你就可以突破關卡，做到更多你想做的事情了。

Q 斷捨離時，由於每樣物品都有價，小丟還好，大丟就會有深深的愧疚感。請問這種丟棄物品就等於丟錢的心態要如何調整呢？

所有垃圾都是你花錢買的，看看垃圾桶裡的包裝袋、紙屑和廚餘就知道了。所以不用懷疑，我們每天都在丟錢。只不過，有些東西會被吃完、用完，有些東西則會長伴左右，就像我們的朋友一樣。而丟掉時會讓你感到愧疚的，肯定是家具、家電、衣物、書本……這種曾經和我們長久相處的後者對吧？

有點人生歷練就知道，再要好的朋友，也可能會隨著實際距離和人生軌跡的不同而漸行漸遠，或是因爲發展出不同的信念和價值觀而形同陌路。你會因爲請他吃過飯、送過他禮物，最後卻和他日漸疏遠，就覺得花在他身上的錢都不値得，甚至對付出去的錢懷抱愧疚感嗎？你們只是緣分盡了而已，這跟你在他身上花了多少錢沒有關係。朋友已經完成了陪你走上一段的任務，你們擁有的美好記憶不會消失。

你跟物品的關係也是如此。它們已經陪你走了一段，現在因爲你的需求層次改變、滿足點提升，或是它的存在已經無法繼續支持你達成目標，導致你必須和它各奔前程，這是再自然不過的事。與其說你是對物品懷有愧疚感，不如說是沉沒成本謬誤在作祟。這些東西已經無法退貨了，所以你該考慮的不是它們的價格，而是判斷要不要繼續保留，讓它們在家裡多占一個位置。想想你犧牲掉的機會成本，然後做出理性的選擇吧！

Q 整理的過程很常過敏、頭痛、拉肚子，這是排毒現象嗎？反反覆覆搞到心很累，該如何恢復能量呢？

整理專家近藤麻理惠在《怦然心動的人生整理魔法》一書中曾提及，「在進行整理的過程中，常常會聽到客戶說『我變瘦了』『肚子好像小了一圈』。雖然聽起來不可思議，但把東西減量後，身體不知是否因爲對家的排毒有所反應，也跟著出現了排毒效果。

「尤其是一整天下來，一口氣就丟掉四十個垃圾袋時，身體通常會出現一些變化，譬如短暫的腹瀉或是皮膚長出疹子等，彷彿就像經歷了小型的斷食一樣。這並不是什麼壞事，而是因爲過去累積在身體裡的毒素一口氣排出所產生的現象，過兩天就會復原，甚至還會通體舒暢。皮膚也會變得光滑。某位客戶就曾告訴我，當他丟掉了共計一百袋放在壁櫥和儲藏室裡的雜物後，馬上經歷了痛快的腹瀉，然後整個身體變得輕盈了起來，眞是令人不敢置信。」

上述症狀是否眞如麻理惠所說算是排毒現象我不能斷言，但我認爲這個問題可以從生理層面和心靈層面來進行探討。

就生理層面而言，整理的四大步驟——集中、過濾、分類、收納，每一個步驟都會挪動物品，而物品上頭或多或少都覆蓋了灰塵、塵蟎或黴菌。當呼吸道或皮膚受到刺激時，出現打噴嚏、眼睛癢和皮膚起疹子等過敏症狀並不令人意外。

頭痛也可以理解爲決策疲勞的副作用。整理期間要經歷非常多次的取捨和判斷，壓力、緊張、焦慮和擔心丟錯東西的恐懼，確實讓人不頭痛都難。跑廁所則是勞動的結果，那些搬上搬下、挪進挪出的動作，足以使疏於運動的人暫時提高新陳代謝率，進而促進排泄順暢。只不過壓力、緊張、焦慮和恐懼，也有可能造成拉肚子的情況就是了。

就心靈層面而言，過敏、頭痛、拉肚子等症狀也各有它對應的心理狀態。全球最大心靈書籍出版社Hay House的創辦人露易絲．賀，在《創造生命的奇蹟》這本書中便揭露了一個「身心療癒表」。她指出，過敏症源自於「極度討厭某人、否定自己的力量」；頭痛源自於「否定自己、自我批判和恐懼」；腹瀉則是源自於「恐懼、排斥和逃跑」。在整理的過程中，各種情緒或僵固的信念會一一被激起、一一被鬆動，而這些症狀只是反應出潛意識要傳達給你的訊息而已。

此外，她也提到了「結腸代表放下的能力，釋放那些不再需要的事物」。結腸的功能之一是將消化物轉換成糞便，這剛好呼應了「丟掉了共計一百袋放在壁櫥和儲藏室裡的雜物後，馬上經歷了痛快的腹瀉」這句麻理惠對客戶狀態所做的描述，因為當你願意讓物品離開時，結腸就會開始好好地蠕動使廢物排出。延伸來說，如果你想瘦身的話，清除雜物或許會是個一舉兩得的好方法。曾經數度登上「歐普拉秀」的整理家彼得．魏爾許就寫過《Lose the Clutter, Lose the Weight》（暫譯：《清掉雜物，減掉體重》）這本以瘦身為主題的專門書籍，有興趣的人不妨參考一下。

至於該如何恢復能量呢？其實就跟增強意志力的方法差不多，我將重點整理如下：

一、為了減輕身體和大腦的刺激，請定期休息和放鬆，確保你有足夠的睡眠。

二、請攝入足夠的食物和水分，不要長時間在低血糖的狀態下進行整理。

三、累的時候請轉換任務，去做會讓你心情變好的事。出去走走、擼一下貓咪也行。

四、請戴上口罩或手套，以減少暴露在過敏原下的風險。

Q 請問花多久時間才能整理到最滿意的狀態呢？同事笑我一直在整理，我好挫敗。

不一定，視物品數量、個人決斷力、資源多寡、投入程度和是否面對阻礙而定。有些人只要一季，我卻需要將近五年。但就過往學員的經驗看來，在忙於工作和育兒的同時，想整理到接近零雜物的程度，一般需要兩年。

如前所述，整理本來就無法一次到位，只有不了解整理是怎麼一回事的人，才會笑你一直在整理。這也意味著你同事從來不曾徹底地整理過。道不同，不相爲謀。既然在整理的道路上你是前輩，而笑你的人甚至還沒上路，你又何必理會他的閒言閒語呢？

建議你從客觀的角度來檢視自己。如果你每次整理都有進展，就不需要因爲同事的調侃而灰心喪志。他沒有目標，但是你有。你知道自己正朝著明確目標、崇高困難目標和遠大變革性目的不斷向前，與目標無關的雜音或噪音，根本無須理會。而且，既然已經知道他不是同路人了，下次就別再跟他聊這個話題自尋煩惱了吧！

Q 東西很少，被訪客說家裡沒溫度，怎麼辦？

我了解你的心情。自從我家「零雜物」以來，我不知道被多少人批評過我家很像樣品屋、我家沒人味。說眞的，我曾經有點介意。好比有次出售自宅時，我就被仲介「指教」過：「你這樣不行啦！屋況太美，買方會認爲你是投資客，他們會有戒心。」說完他當著我的面把沙發上的抱枕弄亂，布置成他認爲「較有生活感」的模樣。他自信滿滿地向我表示，這樣才能迎合多數人的喜好，讓房子更容易脫手。我聽了只感到哭笑不得，原來這個「亂」世已經讓整潔清爽變成了一種缺陷。

後來我想通了一件事，每個人的出身背景和生活經驗都不一樣，每個人的核心價值觀、目標、需求層次和滿足點也不盡相同。有些人認爲屋內充斥物品才叫做豐盛有餘，有些人認爲屋內條理分明才叫做質感生活。但房子是我要住，不是批評者要住，我自己住得愉快就好，他們要嫌棄是他們家的事。如果我眞的需要批評指教，我會向我佩服的設計師前輩尋求意見，而不是一個我根本不知道他美感如何、他家屋況如何的路人。

同樣的，訪客喜歡東西多、有生活感的房子，那是他的課題；你忠於自己的喜好讓東西精簡，這是你的課題。彼此互相尊重、井水不犯河水就好。只不過，訪客到你家拜訪居然還出言不遜，顯然不太懂得拿捏禮貌和界線。你問我怎麼辦？我的建議是把他的話當耳邊風就好。你無須背負他的想法，更不必爲了他而做出改變。然而，如果你是聽到批評心裡就容易過不去的人，不如就減少與此人的互動吧！也許你的課題已經進化到「人際斷捨離」了呢！

● ● ●

下一章我要從心理層面進入物質層面，爲各位剖析一下，在取捨之後面臨的分類和收納究竟要如何執行。卡在這個階段的人，後面會有你想要的答案。

第六關

定位

不會分類、不擅收納，

如何替物品定位

將你的物品做出符合當下心境的取捨之後，接下來的整理步驟便是分類和收納。

從過往的教學經驗中，我發現有很多人不知道物品該怎麼分類，也不知道該收納在什麼地方，或是以什麼樣的方式進行收納。而從問卷的留言當中，我也發現有不少人把收納和動線混爲一談，因而問我「對於物品擺放的動線，該如何克服盲點」「在不增加收納櫃的情況下，如何改善居住空間的動線」這類問題。

如何替物品分類

我先說明物品的各種分類方式，各位不妨挑選適合自己的方式加以混用。

一、依**功能**分類，例如文具、玩具、美妝用品、廚房用品、衛浴用品、戶外裝備。

二、依**空間**分類，例如客廳、廚房、衛浴、臥室、書房、陽台。

三、依**季節**分類，例如夏季電器、冬季衣物。

四、依**頻率**分類，例如常用物品、不常用物品、季節性用品。

五、依**尺寸**分類，例如小零件、各種工具、大型設備。

六、依**顏色**分類，例如大地色系、無彩色、金屬色。

七、依**材質**分類，例如木製品、金屬製品、玻璃製品。

八、依**形狀**分類，例如圓餅狀、管狀、瓶狀、袋狀。

九、依**款式**分類，例如細肩帶、V領、圓點、動物紋。

十、依**個人**分類，例如大寶的、小明的、小美的。

十一、依**重要性**分類，例如機密文件、重要文件、一般文件。

十二、依**緊急性**分類，例如處方用藥、醫藥箱、保健食品。

每個人的分類邏輯都不一樣。有些人認爲帽子是外出用品，有些人認爲它是穿搭配件。有些人認爲壓力褲是運動服飾，有些人認爲它是登山配備。也因此，別人的分類不見得適合你，你必須摸索出最符合自身需求的分類方式，然後隨時進行變化和調整。總之，類別千萬不要分得太細，免得自己記不住，或是因此購買了更多數量的收納工具。

如何替物品定位

接下來我要說明室內設計的基本架構。弄懂了架構，你才有辦法理解何謂動線。

首先，除非房子是毛胚屋，否則一般成屋通常已經附帶了建商預設的格局。在不砍掉重練或是只限微調的前提下，空間軸線多半是以家中的走廊爲主，並由此串聯起各種不同定義的單元區塊，例如客廳、餐廚、衛浴、臥室。原則上，公、私領域會位於軸線的兩端或兩側，祕密性越低的區塊離大門越近，例如前端是訪客可以自由移動的客廳和餐廳，中段是不太會有訪客擅闖的書房和廚房，後端是最需要安靜和隱私的主臥室等等。

不同的區塊之間不見得有實牆，它們可以透過地板材質、地板高低差、天花板設計、玻璃、簾子、活動家具和或高或矮的櫃體來進行區隔。以多數成屋爲例，區塊到區塊的走廊是動線的一部分，在每個區塊內移動的路線——從沙發走到電視櫃、從冰箱走到流理臺、繞著餐桌走一圈——也是動線的一部分。具體說來，一般區塊內的動線多半是直線形、L形或環形。較短的動線移動效率比較長的動線好，而且動線最好是清楚、流暢、全程貫通且沒有中斷的。

爲了達成某個行動目的而在多個區塊之間移動的路徑，我稱爲「生活動線」，例如：出入動線、盥洗動線、洗衣動線、打掃動線、烹飪動線、照護動線等等。以烹飪爲例，我們通常會從冰箱裡取出食材，接著放進水槽清洗，清洗後挪到流理臺上切菜，最後再放到爐具上面料理。因此，最符合需求的廚房動線會是：冰箱↓水槽↓流理臺↓爐具，而在動線上會發生動作的地點就叫做「機能點」。

在每一個機能點，通常都會有相對應的物品來輔助那個動作的發生，而這些物品必須有一個收納的位置，這樣你才能順手地取用和歸位。例如在水槽這個機能點會需要收納洗碗精和菜瓜布的掛架；在爐具這個機能點會需要收納鍋、鏟、湯杓和調味品的廚櫃或層架。也就是說，過濾之後所保留的東西，最好能以「就近收納」爲原則。

那麼，有沒有可以替物品定位的簡單方法呢？有的，你不妨先問自己以下這四個問題：

一、這是什麼？

二、我在哪裡用它？

三、我有多常用它？

四、它很重嗎？

如果你回答不出第一個問題，基本上這個東西就可以扔掉了。第二個問題是在定義物品歸屬的區塊，如果它是使用中的物品，請就近收納；如果它是備品，可以放遠一點沒關係。第三個問題是在定義物品收納的位置高低，使用頻率高的，就放在伸手可及的黃金收納區；使用頻率較低的，則是放在必須墊腳或蹲下才能搆著的非黃金收納區。第四個問題是在考量收納的安全性，如果物品很重，例如啞鈴或保險箱，請往下放；如果物品很輕，例如衛生紙或毛巾，請往上放，因爲它們掉落時還不至於會砸傷人。

舉例而言：「這是蒸籠，它不重，我在廚房使用，一年只會用個三、四次。」所以它應該放在廚房裡的非黃金收納區，好比吊櫃上層或是廚櫃下方的大抽屜。再舉個例子：「這是洗臉機，它很輕，我在浴室使用，一天至少會用個兩次。」所以洗臉機應該放在衛浴裡的黃金收納區，例如鏡櫃內或洗手臺櫃內。依此原則，下回你在採買物品時，只要事先想好它要擺放的空間和位置，就不至於隨興買下無處收納的東西了。

現在回到一開始的問題上，我試著回答如下。

Q 對於物品擺放的動線，該如何克服盲點？

嚴格說來，物品主要是收納在會發生動作的機能點上，而不是沿著整條動線釘滿櫃子。只有在備品太多的情況下，你才會需要將東西收納在離機能點較遠的地方。

以出入時的必經之地——玄關這個機能點爲例，你不妨盤點你會在那兒進行的所有動作。以我來說，出門時我會穿上外套↓選擇當天要用的包包↓視當天的活動和需求，將會用到的小物件諸如口罩、耳機、購物袋、折疊傘、水壺、墨鏡放進包包↓拿取門禁磁扣↓然後穿上鞋子出門。回家後我會在玄關放下磁扣、隨身物件和採買的物品↓脫下鞋子和外套↓清空包包↓然後將採買回來的物品的外包裝消毒一遍（這是疫情以來我所養成的習慣）。

因此，我家的玄關必須要有收納外套的掛勾、衣帽架或汙衣櫃，收納包包的層板或櫃體，收納防疫用品的收納籃或抽屜，收納磁扣和隨身小物的拖盤、層板或抽屜，收納雨具的掛勾、層板或傘桶，收納鞋子的鞋架或鞋櫃，以及暫時擱置郵件和包裹的一片層板或一塊地面。經過這番思考和安頓，所有物品都會有它該去的地方，日後只要物歸原位，屋況就不至於走向混亂。

如果物品無家可歸，鞋子就會散落在玄關的地面妨礙出入；外套就會長在餐椅、沙發或健身車上製造視覺噪音；傘會被扔在門外或陽台阻礙逃生動線；郵件和鑰匙則會被丟在客廳茶几上，跟發票、帳單、型錄、零食、遙控器、保健食品等各類小物混在一塊兒而經常失蹤。

我家的每一樣東西都有它自己的位置，所以我只要將物品歸位，定期清掉不要的物品即可，花在整理上的時間極少。如果你也想做到輕鬆收納，我將思考機能點及其收納功能的步驟摘要如下：

一、**盤點你會在每一個機能點上進行哪些動作，將它們一一記錄下來**。

二、**回想完成每一個動作的相應物品有哪些**。例如穿鞋之於鞋拔，然後記錄在該動作後面。

三、**思考這些物品和工具適合用哪一種收納工具來進行收納**。例如掛勾、托盤、層板、層架、收納籃或櫃體，然後進行採買。

至於該如何挑選收納工具，我稍後會再進一步說明。

Q 在不增加收納櫃的情況下，如何改善居住空間的動線？

首先我要稱讚你的想法。很多人在櫃內物品爆滿的情況下，會選擇買更多的整理箱回家裝東西，這是加法收納，而它會讓房子變得越來越局促。但是你開宗明義地表示你不想增加收納櫃，這意味著你選擇以減法來解決問題。因此，你必須讓所有的物品都好好地待在櫃內，不能溢出櫃外。

然而，這跟動線沒有關係。動線指的是你移動的路徑，而動線要順暢包含兩個要件：

一、**路徑上不能有路障**。如果樓梯踏階上有成排的鞋子和紙箱，你走路可能得用跳的。如果一字型廚房的走道被各種層架塞得越來越窄，你勢必得要側身通行。如果儲藏室的地面堆滿大量雜物，你可能得踩在物品上面才能行走。只要你把東西放在動線上面，你就不太可能順利通行。

二、**特定動線上的機能點必須按順序排列**。例如洗衣動線是：脫衣處→髒衣籃→

洗衣機↓曬衣區，因此在脫衣處和洗衣機之間，必須要有髒衣籃的位置；在洗衣機附近必須要有洗衣用品的收納位置；在曬衣區則必須要有曬衣用品的收納位置。如果機能點的位置不佳，導致你是先遇到洗衣機、再越過曬衣區才能取用洗衣用品，這樣就會造成「折返跑」，使洗曬工作多出許多不必要的動作和步伐。

同樣的，有些房子礙於格局，冰箱必須擺在客廳或是緊挨著爐具，導致烹飪動線無法像生產線一般順暢，掌廚者經常必須在各個機能點之間來來回回，相當折騰。爲了讓居住者能更有效率地完成各種行動，我誠心建議各位撥一點預算微調隔局，否則長期將就下來，有可能會住得很不開心。

如何規畫收納系統

搞清楚機能點的收納需求之後，現在我們來聊聊實際上該如何規畫收納系統。先說重點，你一定是先進行了集中、過濾、分類這三個步驟，才能視剩餘的物品數量來規畫收納系統。釘櫃子和採買收納工具絕對是最後一步，因爲步驟提前你容易規畫得太大或太小，購買得太多或太少。我就有學員因為徹底整理了衣物，使新家少做一個大衣櫃，而省下了近十萬元的系統櫃開銷呢！

收納系統可以由：高櫃、抽屜櫃、矮櫃、層架、層板、收納籃、收納盒、托盤、掛勾等由大至小的工具來進行各種組合。請視空間條件、可用預算和使用習性來自由搭配。例如低預算的小空間可以用層架、層板、收納籃和掛勾完成一個好用的玄關。預算多一點則可以量身訂製符合所有個人化需求的收納櫃體。由於本書的主題並非裝修，櫃體的尺度、板材、門片和五金我就不深入探討了。

值得注意的是使用習性。很多人不愛摺衣服，卻在衣櫃裡設計了一堆層板和抽屜來折磨自己，讓自己不得不摺。最適合這種人的收納工具其實是吊桿，只要把衣服統統掛起來就好了。有些人則是懶得打開櫃門把東西放進去，卻設計了一堆有門片的櫃子，導致櫃子裡是空的，地板上卻堆滿了東西。這種人比較適合層架式、可直接拿取的開放式收納。所以，請視自己的習性來規畫收納系統，而不是自以為需要櫃子，就胡亂地釘了一整排。

我曾經去一棟豪宅擔任整理教練。屋內那個十來坪大的衣帽間要價不菲。衣櫃的櫃門包覆了皮革又鑲嵌鈦金屬，衣櫃內的上半部是吊桿，下半部是抽屜。抽屜的抽頭是透明玻璃材質，把手是閃亮亮的人造水晶。奇妙的是，抽屜裡面空盪盪的，但衣帽間隔壁的瑜伽室裡，卻站了好幾座掛滿衣服的平價滑輪吊衣桿。

經過核對，屋主果然不愛摺衣服。偏偏當初全權交給設計師規畫時，她並未說明個人需求和使用習性，於是就換來了一間美崙美奐，但有一半的櫃內空間她不想用、也不愛用的衣帽間。這不是她的錯，也不是設計師的錯，因爲她當時並不知道她其實不夠認識自己，而設計師也只是將一般需求的最大公約數，直接套用在她的衣帽間上而已。

爲了替瑜伽室恢復原狀，並且爲衣帽間建立起收納系統，我們先是將同一類的衣物集中，接著進行減量，然後再依材質和款式分區吊掛。所謂按材質指的是，她有一整櫃的皮草大衣，一整櫃的喀什米爾毛衣和一整櫃的絲質襯衫。按款式指的是，她有一整櫃的細肩帶背心，一整櫃的小香風外套，一整櫃的禮服和一整櫃的洋裝。運動服飾依用途分別收納在層板上，而透明抽屜則是用來展示絲巾、手套、皮帶等配件小物。

如何挑選收納工具

一般人家的衣帽間通常是採開放式收納，不像上述豪宅的衣帽間有櫃體門片，而這種收納方式，很容易因爲物品的顏色過多，顯得又雜又亂。因此，除了將衣物按顏色和深淺漸層排列之外，使用顏色統一的收納盒或收納籃，將同類型的物品收整起來，也是降低視覺噪音的必要條件之一。那麼我們該如何挑選收納工具呢？我將原則統整成以下四點，它們不只適用於衣帽間，也適用於家中的所有空間：

一、材質：請挑選可水洗、容易清潔的材質，塑膠最適合。盡量避開不織布、紙質和藤類。不織布久了會脆化成碎片或粉末，很難清理。紙質會吸附溼氣，久了容易軟掉、發霉或長蟲。藤類或草編款式則是遇水不好清理，僅適合用於陳列展示。

二、形狀：收納盒請挑選長條形或正方形，這是最好用、最不會浪費空間的形狀。千萬別挑圓形、多邊形、表面凹凹凸凸，或是底部面積小於開口的款式。切記，越花俏的越不好用。

三、尺寸：請務必丈量櫃體內部或層板的寬度、深度和高（厚）度之後再去選購，否則很容易買錯。收納籃或收納盒的尺寸不要買到太緊繃，上方和兩側最好能留一點餘裕。尤其要留意櫃體門片的鉸鍊位置和厚度，否則某幾個層板的收納盒尺寸可能剛剛好，但卡到鉸鍊的那層就會放不進去。

四、顏色：收納籃和收納盒請以白色、半透明和透明爲主，而且前兩者比較不容易增加視覺噪音。採買整理箱或收納抽屜櫃時，務必避開有卡通圖案、箱子和把手的顏色不一致，或是每個抽屜顏色都不同的款式，顏色越單純越好。

已經釘死但很難用的固定櫃體，是許多人的困擾來源之一，而其中最令人苦惱的設計，莫過於深度太深，或是高度間隔太大的層板。其實，這些問題都能透過小型的收納工具來解決。例如衣櫃內深度近六十公分的層板，你可以前後擺放兩個收納籃，前面的放當季衣物，後面的放非當季衣物，換季時只要將前後兩者對調即可。又好比層板與層板之間的高度太大，如果你不想浪費上方的空間，也可以選用夾式的層板掛架來增加收納量。

衣櫃內的格子淺抽屜也經常被人抱怨不實用，格子要麼太寬、要麼太窄、要麼太多、要麼太少。不管是收納腰帶、領帶、手錶、內褲還是襪子，看上去都不太對勁。我的建議是，你不妨把格子撤掉，自己買小型收納盒來重新定義那個淺抽屜的收納區塊，這樣不僅更符合你的個人需求，收納量也會因此而大幅增加。

下面是一些來自於問卷的提問，它們大多與收納相關，我的回答如下。

Q 怎麼知道櫃子做得夠不夠？我不知道要怎麼估收納量。

無法掌握物品的數量，自然就不知道櫃子做得夠不夠。如果你有認眞面對「過濾」這個整理步驟，你一定很清楚自己究竟擁有多少物品。

這時或許有人會問，「你不是說整理無法一次到位嗎？那我到底要整理到什麼時候，才能準確地預估出需要收納的物品數量呢？」我的看法是，裝修前請視當下的心境進行取捨，能過濾多少算多少。你只要記得一件事就好：不管是木作櫃體還是系統櫃體，櫃子的每一公分都得花錢。

做爲室內設計師，我經常遇到搞不清楚自己有多少東西的業主，所以我會準備「物品總量紀錄表」供他們塡寫，好讓我能大致推估出要替業主做多少櫃子。只不過，有時忙碌的屋主不見得有空配合，或是壓根兒就懶得做這件事，因此常見的做法就是評估空間條件，在不破壞整體美感的情況下，能在圖面上多畫一點櫃子是一點，反正一般業主大多認爲櫃子這種裝修項目多多益善。

然而，這有點像在賭博。賭對了皆大歡喜；賭錯了，業主批評你不會設計，於是買了更多的整理箱回來裝東西，然後再把房子搞到面目全非。想維持屋況，責任到頭來還是在居住者身上。萬一設計師賭錯了，發現你家裡的櫃子裝不進你所有的家當，請理解設計師不會通靈，那不是他的問題。而要避免房子被你住到毀容，唯有**「用空間來限制數量」**一途。有多少櫃內空間，你就將物品精簡到能全部放進去爲止，千萬別用加法收納來解決問題。

Q 以前買的收納抽屜，現在覺得尺寸不合、顏色不對，也沒什麼東西要收納了，請問還有其他的用途嗎？

在整理的過程中，難免會因爲物品減量，而出現許多被清空的收納工具，或是因爲你的美感提升，而感覺不再適用的收納抽屜或層架。這是很棒的現象！但是這個問題犯了一個常見的錯誤，就是又把物品當成主詞了。**主詞應該是你，而不是物品**。所以你的問題不妨修正爲：「我還要替尺寸不合、顏色不對的收納抽屜設想其他的用途嗎？」

我的建議是，請把它結緣給更需要的人，否則它一直空在那兒，會吸引你買其他的東西塞進去，那你之前的減量豈不是白做了嗎？

Q

零碎的小用具不管再怎麼收，看起來都很雜亂，例如釘書機、小夾子、電池等等，放在抽屜的小格子裡還是很亂的感覺。

這不是收納的問題，而是顏色太雜的問題。我們來看看下面這兩張圖。一樣是一堆迴紋針，左邊多彩，右邊單色，哪一邊看起來比較清爽呢？

我們再來看看下面這兩張圖，一樣是一堆文具，左邊多彩，右邊單色，哪一邊看起來比較不令人心煩意亂呢？

顏色一多，視覺噪音就強。如果你不打算重買這些零碎的小用具，最合理的方法就是將它們收納在白色或半透明的收納工具內。但我個人認爲，你都已經收在抽屜裡了，平時不打開抽屜也看不到，更不會讓房子的整體畫面變醜。或許別那麼在意它們，心情會比較輕鬆喔！

Q 我打算降低屋內的視覺噪音，所以想選用不透明的收納工具。但有些東西只要看不到，我就很容易忘記使用。世界上是不是沒有兼具實用性和美觀度的收納工具呢？

會忘記使用的東西，表示它沒有重要到你非使用不可。想想看，就算你把牙刷收進鏡櫃裡，難道你會忘記刷牙就出門見人嗎？因此重點不在收納工具是否透明，而是你有沒有養成使用這項物品的習慣。

如果你偏好使用不透明的款式，不妨爲它們加上可供辨識的極簡標籤，藉此提醒自己使用，或是乾脆在手機APP裡設定一個「請使用右上拉籃裡的美容儀」之類的文字提醒，讓自己記得天天使用，這樣就能解決你的問題了。

Q 在收納方面，最讓我困擾的是不曉得畸零空間該怎麼使用。

就室內設計師的角度而言，我們一定會用裝修手法修飾畸零空間，讓它在變得平整之外，還能兼具收納或展示功能。你的問題顯示你並不打算裝修，而是想憑一己之力，試著讓畸零空間發揮功能。其實，想運用現成的家具或收納工具去填空不是不行，但除非你努力尋找尺寸相近的產品，否則你極可能必須接受一個將就的結果。

我個人的首選一定是透過木作去實現符合需求的畫面和功能。如果無法裝修，我會選擇放一盆大型的觀葉植物去遮掩它、柔化它，而不是用很將就的方式，非把它轉化爲收納空間不可。只要將物品減量到不需要使用那個畸零空間，它就不會成爲收納困擾了。對我而言，並不是每一寸空間都要用到極致。如果想讓畫面好看，**有時留白**

的重要性會高過收納。

順道一提，經常有人問我難用的收納空間——例如廚房轉角櫃、過高的吊櫃、超過兩米四的衣櫃最上層——該怎麼使用，我的回答始終是，「如果你有預算，自然有相應的五金可以解決你的問題。但是如果你沒有預算，你就當那個空間不存在。」因爲難用的收納空間，不會因爲你加了一堆收納盒就變好用。你還是得搬梯子才能拿取高櫃最上方的物品；你還是得蹲在地上、歪著身子才能拿取轉角櫃深處的物品，不是嗎？

再者，這個問題同樣是把物品當成了主詞。更恰當的問法其實是：「我想用這個難用的收納空間嗎？」這麼問，你的思緒是不是比較清晰了呢？

Q

我跟公婆同住，只有兩房一廳的透天單層空間可以使用。隨著寶寶出生，尿布、嬰兒床、玩具、恩典牌衣物的收納都令人煩惱。我去大賣場掃了很多收納箱和收納袋，還是覺得空間很有限，似乎可以做更好的運用。

整體來說，你只能在有限的空間裡收納兩大一小的所有物品。大人的物品請按整理的四大步驟進行減量，小嬰兒的物品則建議分成日常用品和備品這兩類。日常用品指的是每天都會使用和消耗的東西，這部分請放在照顧者最順手的位置。大量購入的奶粉和尿布等備品，則不妨收納在離核心生活區稍遠的位置，有需要時再去取用。

恩典牌屬於備品。請抽出空檔過濾篩選，將衣物依據不同的尺寸和季節進行分類，例如零到三個月、三到六個月、六到十二個月、春夏和秋冬等等，然後分別收在收納袋或收納箱中，必要時可以用真空袋來減少體積。太久以後才會穿到的恩典牌請直接捐出，與其讓它們在家中閒置個兩、三年，一直占用寶貴的空間，不如等有需要時再重新募集，相信在物資過盛的今時今日，要快速收到足夠的恩典牌並非難事。而一旦衣物過小，請也盡速送出，這有助於保持空間的整潔，同時也能幫助其他家庭。

要將收納空間最大化，請務必利用垂直空間。運用層架、可疊放的收納抽屜，或是掛勾、掛袋等懸掛系統，能有效增加牆面的收納量。嬰兒床專用的收納掛袋也是推薦好物。只不過，任何會外露的物品和收納工具，都請你特別留意顏色的挑選，免得增加額外的視覺噪音。

另外，儘管我個人並不喜歡掀床，但非常時期靠它來爭取一些收納空間實屬必要之惡。如果你睡的床有床腳，床下面也可以運用扁平的床底收納盒來放置備品。值得注意的是，在小孩長大以前，你們還得共用這個空間好幾年，如果部分家具可以更換成多功能或可摺疊的款式，例如不用時可以收起來的折疊餐桌或是可疊放的椅子，就能將地面釋出，讓可用空間再放大一些了。

Q 我面臨的問題是，我想保有空間的開闊性，不想做固定櫃體，卻導致無法收納物品，我該怎麼辦？

不想做固定櫃體，那就用活動家具來收納物品啊！IKEA、無印良品、宜得利、YAMAZAKI……這些品牌都有很多平價的系統櫃、層架和收納抽屜可供挑選。這些家具可以貼牆放置，也可以做爲隔間櫃來營造通透感。就拿我的第七間自宅爲例吧！我沒有訂製任何固定櫃體，卻一樣將物品收納得井井有條。先讓大家看看我的平面配置圖：

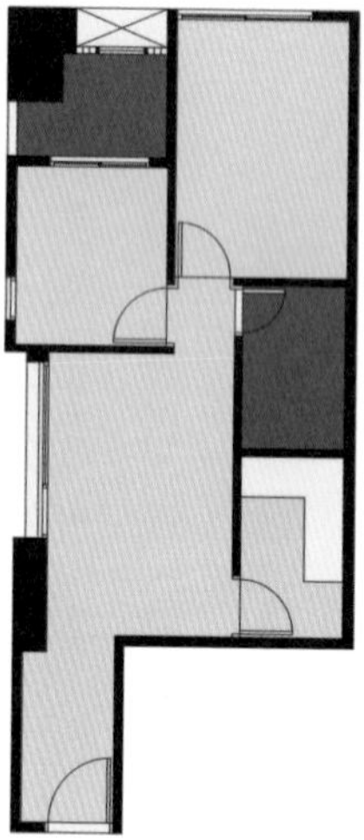

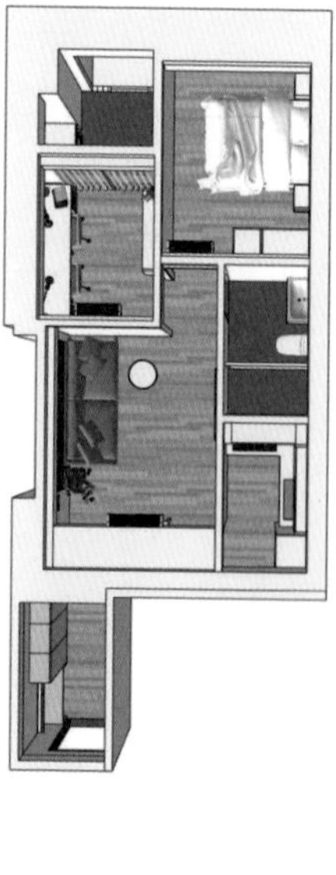

這間接手時屋齡約四年的市中心小宅，實際坪數只有十五坪，雙面採光，最後面有一個工作陽台。我將原本的天花板、冷氣和窗簾拆個精光，重新施作天地壁，並且更換了冷氣機、熱水器和全數的水龍頭。

我在室內規畫了玄關、餐廳、客廳、書房和臥室等區塊，衛浴和廚房設備則維持建商最初規畫的模樣。我自行新增的活動櫃體，包括玄關的收納高櫃、客廳的電視吊櫃、臥室的衣櫃和床頭桌、書房的格子櫃和抽屜櫃，以及工作陽台上的收納水槽。所有櫃體都是現成品。被我固定在牆上的只有電視吊櫃，其餘皆可隨意移動。

玄關 我在這裡設置了三座高約二〇一公分、寬約五十公分、深約三十八公分的IKEA PAX系統櫃。

1.、2.左邊的高櫃：上層收納外出帽和噴霧式酒精，中層收納還不打算洗的外套和大衣，下層抽屜收納雨傘、購物袋、暖暖包和墨鏡，最下層只放了一雙外出時最常穿的小白鞋。

3.中間的高櫃：上面三層用來收納戶外裝備，中間三層收納其餘的外出鞋，最下層則放了一只無印良品的登機行李箱。

4.右邊的高櫃：最上層收納剪指甲的盒子，第二層收納所有的手提包和隨身小包，中間的小夾層收納會放進隨身小包的小東西，小夾層下方收納半透明工具箱，兩個抽屜分別收納修繕備品和防疫用品，最下層收納的則是只有冬季會穿的兩雙長靴。

客餐廳　整個空間唯一的收納櫃是寬一百四十公分、深二十四公分、高二十公分的白色薄型吊櫃。吊櫃中間掀門內收納的是IP分享器和冷氣遙控器；兩側的抽屜是空的，沒有東西可裝。我的兩千多張CD和DVD已經清到一張不剩，平日也不玩遊戲，只看串流影音，所以電視櫃可以簡化到最小的尺寸。

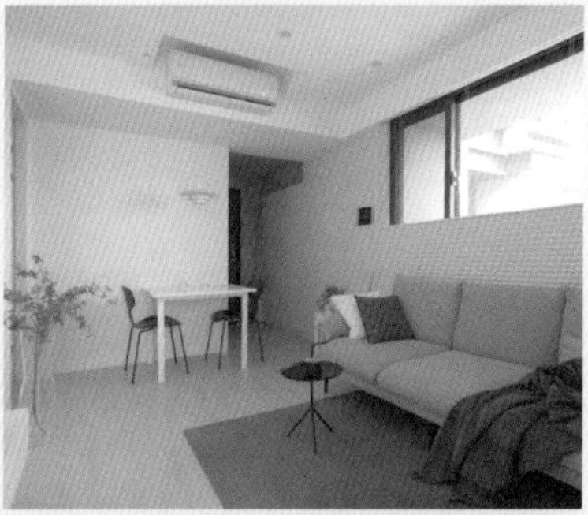

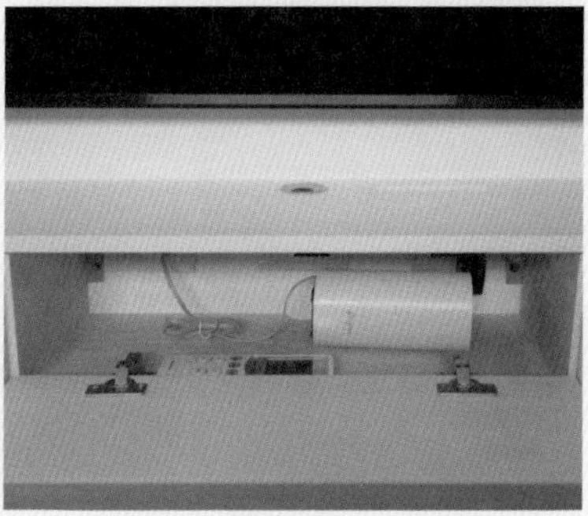

書房　兩張書桌中間有一個寬三十六公分、深五十八公分、高七十公分的IKEA ALEX抽屜櫃。上面兩個抽屜收納化妝品和保養品，第三個抽屜收納飾品和藥品，第四個抽屜收納繪圖工具，第五個抽屜則收納3C用品和回憶類物品。我家沒有梳妝台，我認爲只要在書桌上放一面鏡子就可以保養、梳化了。

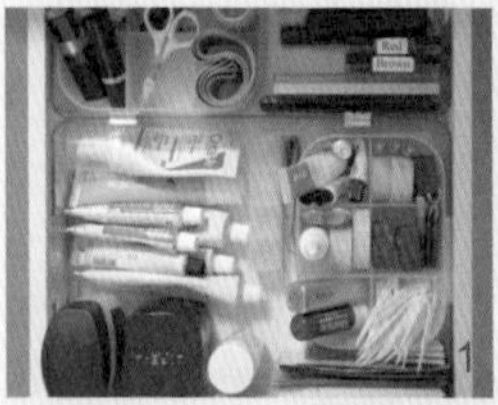

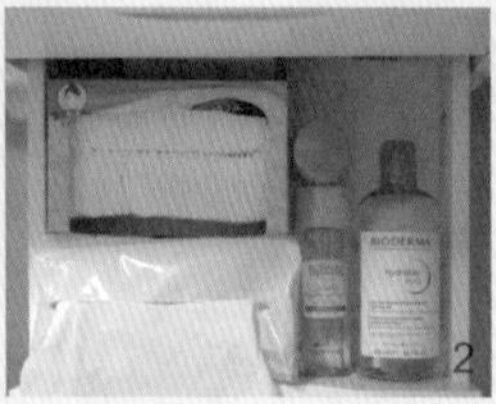

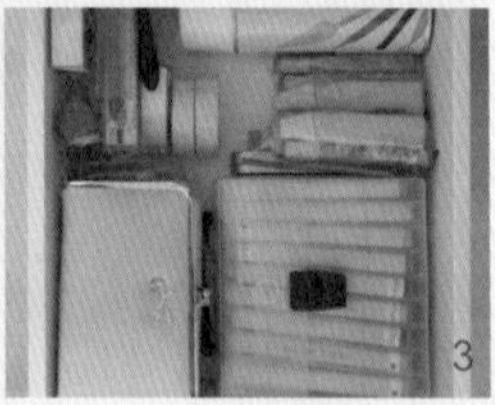

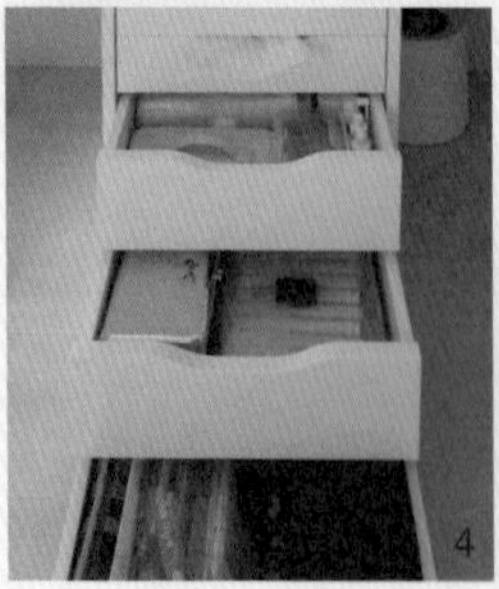

1.2.3.分別是第一、二、四個抽屜。
4.是把三、四、五拉開的樣子。

5.書桌後面有一個寬一四〇公分、深三十九公分、高七十七公分的IKEA KALLAX格子櫃。上層四格子收納書本和文具；下層的四個拉籃則收納文件和影音拍攝道具。

臥室 兩個IKEA VIKHAMMER床邊桌，一邊收納助眠小物，一邊擺放投影機和小夜燈。

1

2

1.床邊有分別寬一百公分和五十公分、深六十公分、高約二〇一公分的兩座IKEA PAX系統櫃。

2.左邊收納ON的衣物，IKEA收納盒內是內衣褲和襪子；抽屜內是小背心、配件和毛巾備品。右邊收納OFF的戶外服飾，以及兩頂造型用的帽子。除了玄關汙衣櫃裡的外套和大衣之外，我一年四季全部的衣物都在這兒，沒有額外的五斗櫃或整理箱。

廚房 L型廚具是建商附的。爐具下方兩個抽屜分別收納餐具和烹飪工具。食材和調味料，全部收納在冰箱裡面，以免增加視覺噪音。轉角吊櫃用來收納萬用調理機和廚房紙巾等備品。至於難用的較深處和最高層則是空著不去使用。

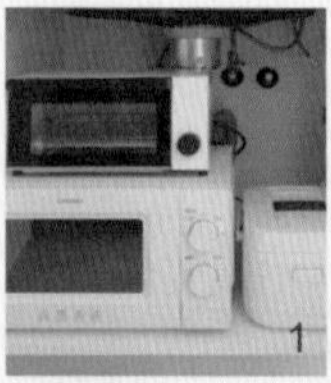

1.水槽下方是我的電器櫃，除了建商附的濾水器之外，還收納了微波爐、小烤箱和電子鍋。小宅沒有設置電器櫃的空間餘裕，在這樣的條件下能妥妥地安頓三樣電器，我認為是可接受的選擇。

2.檯面上方的吊櫃，我以外觀統一的半透明收納籃收納沖泡類飲品和少許乾貨。

3.檯面上的快煮壺、水瓶、時鐘，以及水槽上方的瓶瓶罐罐和菜瓜布，由於採開放式收納，因此統一採用霧銀色的金屬隔熱墊和無痕掛架，用品則是全部都走白色系，即使物品量稍多，看上去也不顯雜亂。

4.檯面下方轉角櫃收納水壺、各種廚房小物、保鮮膜、礦泉水和冬天吃火鍋時才使用的黑晶爐。

衛浴　所有設備都是建商附的，我只更換了淋浴間的水龍頭和蓮蓬頭，增加了無痕肥皂架和馬桶旁的衛生紙盒而已。需要通風乾燥的牙刷，我用無痕掛架收納在牆上。牙刷也是灰白色系。基本上，任何會公開陳列的物品，色彩最好能盡量統一。所以，我的毛巾、腳踏墊和體重計也全部都是白色系。

1

2

1.掛架上的瓶瓶罐罐統一採用無印良品的PET瓶，用品全是白色系。

2.洗手檯櫃下方的空間，我用少量收納盒安放所有的清潔用品、生理用品與常用毛巾；檯面上只有洗手乳瓶和一支可以隨時保持檯面清爽的刮水刀。

工作陽台 它的功能是洗衣、曬衣和清洗我的戶外裝備。可以看到洗衣機是純白的，熱水器也是純白的。收納水槽、髒衣籃、衣架、曬衣夾、室外拖鞋全部都是白色系。所有的瓶瓶罐罐一律藏在收納水槽下方，盡可能將視覺噪音降到最低。

以上就是我的收納解決方案。你可以發現，室內不是非做固定櫃體才能發揮收納功能。希望這樣的案例分享可以爲你帶來一些啓發。

Q 我租房子，因為無法隨意變更空間，導致收納無法如願，我該怎麼做？

我租過四次房子，在租屋處共計度過了五年光陰。租來的房子確實無法隨意變更隔間，但透過活動家具和收納工具，你是可以自行定義空間功能的。怕只怕屋內塞滿了房東自己不要、廉價購得，或是撿來的二手家具。然而，只要他願意將那些大而無當的東西挪走，而你也願意採購一些必要的物件，租來的房子其實還是大有可爲。

假設你的房東願意挪走那些醜家具，而你也願意花錢購買活動家具和收納工具，那麼，你要做的就是盤點你遇到的收納困擾，等條列出來之後，再一一思考破解之道。例如：

玄關

1 鞋櫃是大賣場買的便宜三層櫃，不夠放鞋，沒有門片，看上去很雜亂，而且三層櫃的深度讓玄關變窄了。

解法：先將鞋子減量，再換一個有門片的白色超薄鞋櫃。

2 安全帽放在三層櫃上，經常蓋住放鑰匙的小盤子。

解法：使用不擔心被房東罵的無痕掛勾，把安全帽掛在鞋櫃上方。

客廳

1 沙發上總是有外套和背包，兩人座變單人座。

解法：多買四個無痕掛勾，在安全帽的掛勾旁新增汙衣集中處。

2 電腦桌上的線路很亂，很多文件沒地方放，只好一直堆在地上。

解法：將文件減量，購買白色雜誌盒和集線盒降低視覺噪音。

餐廳

1 沖泡飲品長期占據桌面，不知道該收去哪裡。

解法：購買白色收納盒集中管理，並改成收納在廚房吊櫃內或快煮壺附近。

2 桌子底下塞了好幾串衛生紙，吃飯時腳沒辦法伸進桌面下方。

解法：不要囤太多貨，才省五十元卻要忍耐不便長達三個月，沒道理啊！

衛浴

1 檯面上全是瓶瓶罐罐，溼答答的底部老是發霉，很想移走，可是放在那裡最順手。

解法：在洗手臺旁新增一個縫隙小推車，上層收納瓶瓶罐罐，下層收納備品和浴室小物。

2 毛巾架不夠長，掛完洗臉毛巾，浴巾就沒地方掛了。

解法：在淋浴拉門的橫向把手上新增一組浴巾桿延伸架。

臥室

1 衣櫃容量不夠，買了很多整理箱堆疊，房間快要沒有走道。

解法：改用減法收納，將衣物減量，把走道還給房間。

2 美妝保養品太多，化妝桌幾乎看不到桌面。

解法：使用中的美妝品和保養品分別用白色收納籃集中收納。

陽台

1 洗曬用品很雜亂，一直堆在地上。

解法：在洗衣機旁新增一個縫隙小推車，收納所有的洗曬物品。

2 網購的紙箱很占位置，下雨時還會被雨水潑到。

解法：最多放七天，七天後沒退貨就送去回收。

以上只是示範，不是指你非得這麼解決不可。然而，唯有意識到問題，面對問題，努力思考解決之道，才有可能解決問題。如果不把問題寫下，將就使用的感覺在你離開現場後就會漸漸退下，直到下一次使用時才會再次浮現。於是你會反覆面臨同樣的問題，彷彿生活中有個疙瘩一直解決不了。既然如此，還不如直球對決來得痛快。

> **Q** 我最困擾的是家中完全沒有收納櫃，全部都是開放式陳列，大大小小的物件讓空間看上去相當雜亂。請問我可以怎麼做？

在東西很多的情況下，缺乏收納櫃確實容易讓空間顯得雜亂。我推測你可能遇到了以下這四種情況：

一、**沒有預算**：你沒有積蓄，目前也沒有工作。想買收納櫃，可是口袋裡沒錢。

二、**伴侶不同意**：你跟另一半提議要買收納櫃，但對方不同意，無論是你要他出錢，還是你打算自己出錢。

三、房子是租來的：你認爲把錢花在別人的房子上面很不划算。

四、房子是長輩的：你不能也不敢有任何變動，因爲在這個屋簷下他們說了算。

前兩種情況的解決方式說難不難，說不難其實也不容易做到，那就是：你要麼讓自己有生財能力，要麼讓自己有良好的溝通和說服能力。第三種情況就像我在前面答覆的，如果你不想投入預算，採購一些必要的物件，這個空間就無法爲你提供服務和支持。至於第四種情況，我會在第七章做進一步的說明。現在，我想就第三種情況提出兩個層次的解析。

話說我經常遇到不想在租屋處花錢的學員，他們多半認爲日後會搬走，這筆錢花下去純屬浪費。例如小花便以即將搬家爲由，表明不想購買衣櫃來收納她四散的衣物。我問她：「那你什麼時候要搬家呢？」她說：「差不多再四年。」我聽了差點在直播鏡頭前面來一個綜藝摔。

我理解每個人的價值觀和金錢觀不同。如果她的回答是「四個月」，我可以同理她的不處理，反正四個月一下子就過完了，趁著這段期間斷捨離，遠比購買收納工具來得合理。但如果還要再將就四年——相當於一千四百六十一天，我認為買幾個經濟實惠的收納櫃來排除痛點，絲毫稱不上是浪費。而我想藉此告訴你的就是：房子是房東的沒錯，但日子是你在過的不是嗎？如果你在目前的住處仍會住上一段不算短的時間，請花點錢讓心情變好，讓生活更有效率吧！

可是，假使你無論如何都不肯購買收納櫃，其實透過一些小技巧，仍舊可以創造出一個更有秩序感的居家環境。以下是我的建議：

一、清除雜物：請先丟棄一輪，這是確保整體空間更爲簡潔的第一步。

二、分類物品：將同類的物品放置在一起，例如書籍、3C用品、廚房用品等等。

三、視覺降噪：將顏色突兀或風格不搭的展示品收起來，盡量讓畫面協調一點。例如只陳列大地色系的簡約擺飾，移除那些顏色飽和度較高的卡通布偶。

四、統一收納：添購款式一致、顏色統一的收納籃，把不宜展示的物品收在裡面，這麼做能有效降低雜亂感。

五、隱惡揚善：有些部分不妨用素色布簾遮蔽，但它最好能與擺飾的色調一致。

●●●

下一章，我將探討最艱難的整理關卡。如果你認爲跟家人同住讓你缺乏空間自主權，無法過著自己想過的日子，或許可以參考一下我的看法。

第七關
自在

缺乏空間自主權，

也能與同住之人和平共處

由於父母離異的關係，五歲時我被送去台東跟外公外婆一起生活。兩老早就分房，所以我平時是跟外婆一起睡。十歲時我回到新莊跟媽媽同住。我在餐桌上寫功課，和媽媽共用衣櫃，晚上則是跟她睡在同一張床上。直到國一時她在新莊買下生平第一間房子，我才終於有了自己的房間。

一九九八年媽媽從國中教職退休，同年她決定搬進台北市區。其後五年，我們一共搬了三次家。我印象很深刻的是，我二十七歲那年，她在新生南路二段的一棟住商混合大樓裡租了一間只有一房一廳的小宅，原本的租客把它當成教室和職員辦公室使用。媽媽理所當然地將辦公室改造成她自己的臥室，教室則被沿用做爲她教授五術的空間。只不過，我連睡覺的地方都沒有，但她卻不覺得租下這種房子有哪裡不對勁。

逼不得已，我只好用幾個兩百多公分高的書櫃，在教室一角勉強隔出了大約一坪半的小空間。面向教室的書櫃擺滿了媽媽的書和講義，書櫃的背面我則是利用鐵力士層架和整理箱，勉強滿足收納需求。這個小空間稱不上是房間，因爲它沒有門。換句話說，媽媽教課時它毫無隔音效果，而我自然也沒有隱私可言。這樣的日子過了一年，我變得寧可加班也不想回家忍受吵嘈和混亂。儘管在下一個租處我又有了自己的房間，但媽媽照例把客廳變成了營業場所，家裡始終人聲鼎沸。

二〇〇二年，媽媽在泰順街買下一間投資客翻修過的舊公寓，隔年那裡發生一起竊案，而它也成了《零雜物》這本書一開頭的故事場景。後來媽媽可能因此引發了創傷後壓力症候群，囤積行爲一發不可收拾，於是我們家很快就從八分亂，進一步淪爲近乎垃圾屋的狀態，連我的房間都被她的物品堆到無法居住。那次事件發生後，我又失去了自己的房間。那一年我三十一歲。

三十一歲還住在家裡，對十八歲就獨立，甚至高中就離家到外縣市求學的人而言，簡直堪稱賴家媽寶。但事實眞是如此嗎？

當然不是，因爲在不健康的親子關係中，做爲與媽媽相依爲命的女兒，我其實是心理學中所謂的「情緒配偶」。即使我想建立自己的生活，提高「自我分化」的程度，但一來是媽媽不准我搬出家門，二來是放她一人獨自生活也會令我滿懷罪惡感，因此我一留再留，多年來一直無法退出「小老公」的角色。

那場竊案在某種程度上釋放了我，讓我主動剪斷了與原生家庭的臍帶。針對離家一事，我在《零雜物》裡寫道：「那是一種深沉的無力感。我愛老媽，過去也一直與她相依爲命，但我卻以揮不去遭竊的陰影爲藉口，正式決定離家租屋。我知道這個選擇相當殘酷，然而我一心一意想搬出去，有那麼一會兒，我甚至在心底感謝那名小偷，是他給了我堂皇的理由，讓我可以順理成章地逃離那間瘋狂的房子。」而現在我會這麼熱衷於打造理想的居住環境，正是因爲我想好好補償過去的自己。

自我賦權

那麼，我是這段經歷的受害者嗎？我並不這麼認爲。仔細思量之後，我發現我在缺乏空間自主權的同時，也得到了很多好處。

首先是我吃家裡、住家裡，存錢速度很快。我大學畢業後的第一份工作是月薪兩萬的音樂雜誌採訪編輯，二十七歲在唱片公司擔任企畫主管時（對，就是我睡在用書櫃隔出來的空間時），月薪加獎金已爬升至七萬多元。這段期間我兼差做了一堆專案，包括撰寫數百則CD側標文案、代發新聞稿、帶外籍藝人上通告和翻譯影展字幕等等。等到我三十二歲離家租屋時，存款已經超過三百萬元，而當時信義區一間十二坪的全新套房「只要」六百萬元。

其次是我多出了許多跟媽媽相處的時間。她在我離家的兩年後——她五十八歲那年——就過世了，我很慶幸自己至少跟她生活了二十二年，這是一段值得珍惜的時光。雖然她把屋況搞得一塌糊塗，卻激發了我對存錢理財、房地產、室內設計和整理的興趣，因爲我非常渴望擁有自己的房子，而且是漂亮、清爽，沒有一堆訪客打擾的安靜房子。這些強烈的渴望塑造了現在的我，回想起來，我的資源其實都是媽媽間接賦予我的。

以上是我的故事。而我自己也有許多到了中年還跟父母（或父母的其中一人）同住的朋友。有人是一直單身，從未離開過父母；有人是離婚後回老家跟父母同住；有人是因爲父母的健康狀況不佳，於是回家擔起了照護的責任。無論如何，與價值觀、美感和生活習慣相異的父母同住，勢必會產生磨擦，而從問卷的統計數字中也可以看到，大家認爲的「豬隊友」有三五．一％是父母，可見成年後還跟父母緊密生活的壓力有多大。

大部分的長輩都有惜物的情形，東西只進不出，幾十年下來屋況變糟也是意料中事。只不過，你想跟自己的父母吵架、頂嘴、撒嬌、耍賴，到底不會太難，但跟公婆生活就不是這麼回事了，除非抱持著「早黑早享受」的心態，否則有長點心眼的人都不可能這麼硬幹。

生活在北部的我，由於所處行業的關係，認識的朋友大多富有主見又自由不羈，幾乎沒有人會「嫁」進夫家與公婆同住。開始教課之後，接觸到的學員遍及全台，我這才突破同溫層，見識到有多少女性因為住進了公婆家而感到坐困愁城。她們在課程中最常提出的抱怨就是：公共區域的雜物她們無法整理，冰箱裡的過期食品她們也無法丟棄，而且她們普遍相信自己搬不出去，只能忍耐現況，而這種「習得性無助」往往導致她們放棄嘗試。

然而，我很想搖搖她們的肩膀對她們說，「想搬出去一定有辦法，只是你有沒有強烈的渴望和破斧沉舟的打算而已。」如果你也是她們的其中一員，套句佛羅斯特教授說過的話，**只要搬家這件事情對你夠重要，而且你有信心可以搬離，幾乎沒有成不了的事**。就算你的動機不夠強烈，各種限制也讓你缺乏可以搬離的自信，但是你在抱怨之餘，還是可以想想自己從困境中獲得的好處，並思索如何在限制當中做到最大程度的改善。

你始終是有選擇的。無論跟長輩同住的你決定留下或決定搬家，你都能讓心裡的不悅降低一點，讓自己過得更舒服一點。以下是一些來自於問卷的提問，你是否也有同樣的處境呢？我試著回答如下。

Q 媽媽退休後發展出很多興趣，例如水墨畫、編織、縫紉、烘焙，和各式各樣的手工藝，導致家裡多出了很多東西。我覺得她充滿活力很好，但家裡的空間都被她霸占了，該如何是好？

我理解你的處境。我媽退休後也是這樣。有一次我帶她去泰國旅行，她看見濱海店家販售的針織比基尼，覺得很可愛、很性感，買了一件回家拆解之後，馬上就添購了各種進口毛線和鉤針，然後無師自通地開始仿製。她鉤出來的小可愛和比基尼裝滿了整個箱子，可是家裡沒人會穿，於是這些成品便成了一種收納困擾。

她也喜歡自製各種保養品。原料整桶整桶地買，空罐一箱箱地送到家裡。各種量杯、電子秤、溫度計和攪拌設備堆得家裡到處都是。由於產量太大，她根本用不完，最後全都擱在餐桌下面，以致我們根本無法在餐桌那兒用餐。除此之外，她還鑽研山醫命相卜等五術，海量的書籍和講義從書櫃蔓延至地面，東西多到她甚至再也走不進她的書房。只要房門一開，人造土石流就會立刻傾瀉而出。

家裡雖然不髒，但是動線處處受阻，視覺噪音極強，只有我的臥室是唯一淨土。當時我不懂如何跟媽媽溝通，在竊案發生、房間被她堆滿雜物之後，我只能選擇逃之夭夭。現在回頭去看，我不認為我有做錯，因為每個人都需要維護自己的權益和幸福，追求更符合個人價值觀和生活方式的環境，但做法或許可以更溫柔一些。例如我可以先跟她溝通，婉轉地說明我對屋況的需求和我想離家的原因，而不是懷著對她恣意度日的埋怨，憤怒又哀傷地另覓住所，然後殺她一個措手不及。

身為一個過來人，我想或許你可以先開啓對話，嘗試理解媽媽發展興趣的原因，以及她對這些活動的重視程度。了解她的立場有助於建立更好的溝通品質。接著，請以尊重的語氣，如實陳述你對屋況的觀察，表達你對她使用了這些空間的感受——千萬別用「霸占」二字。如果你不表達感受，媽媽不見得知道。你必須告訴她你的需求層次和滿足點，然後看她如何回應。切記不要直接批評她的興趣，以免對話進一步演變成衝突。關係一旦破裂，以後想再溝通將會難上加難。

想兼顧媽媽的興趣，又想讓房子保持清爽，我的建議如下：

一、和媽媽一起討論解決方案，確保每位家庭成員的需求都有被考量進去。你們可以打造一個媽媽專屬的工作區域，例如一個小房間或是一個不被打擾的角落，讓她可以在舒適的環境中創作，同時也能明正言順地將相關物品限制在那個區域內。

二、協助媽媽整理她的手工藝材料和成品。例如添購收納櫃、層架、收納盒或標籤機，爲她創造出垂直的收納空間，讓她能更輕易地找到她需要的材料。如果她願意的話，還可以陪她精簡相關物品，把不需要的部分透過捐贈的方式送出家門。

三、選定一塊牆面，將媽媽的得意之作以優雅的方式展示出來。這可以大大提高她的成就感，但如果她的作品與整體空間風格不搭，請選擇工作區域的牆面陳列即可。

這樣的溝通需要耐性，也需要額外的預算。爲了打造出這個區域，甚至有可能會牽一髮而動全身，導致有幾個空間必須連帶來個大整理。請先盤點自身資源再提出可行的方案，免得媽媽滿懷期待卻得面臨後續的失落。如果溝通無效，記得你絕對值得過上健康幸福的生活。離開影響心情的雜亂環境是一個勇敢的決定，請不必感到自責。

Q 家裡有很多東西是不能動的，所以其實無法有任何改變，像是之前從房間撤掉的收納層架也被家人放進了儲藏室……

我在第三章提醒過，整理時別讓豬隊友在場妨礙進度。「如果明知你的伴侶或老媽，因爲滿足點較低而老是阻止你丟東西、罵你浪費，請趁他們不在的時候動手整理，並且盡速將不要的物品送出家門，不要擱在門口想說等有空再處理。萬一東西被豬隊友撿回來，你就白整理了。」

如果是其他家庭成員買的東西，你當然不能擅自處理，這是對人的基本尊重。但如果這個收納層架是你花錢買回來自用的，你想丟掉可以自行決定，不必經過他人同意。趁他們不在家時丟掉你的個人物品，他們發現後或許會唸個幾句，但這是你跟滿足點不一致的家人同住、不用付房租還受他們照顧時，不得不付出的代價。只能說，被罵是正常，能安然度過可以說是天降好運。

總而言之，**家裡不是「無法有任何改變」，最起碼你可以改造自己的房間。重點**

只在於你有沒有達成目標的強烈動機，以及是否有付出代價的覺悟而已。如果你一直迴避衝突，只以配合和討好的姿態過日子，你自然會有深深的無力感。想找回自信心並增強自我效能感，就先從允許家人不開心開始吧！

> **Q** 公婆喜歡從外面撿別人不要的東西回來，別人的二手用品也在收，總說有天會用到。我該怎麼辦？

你有斷捨離的理由，同樣的，他們也有拾荒和收集二手貨的理由，我的推論如下：

一、他們的價值觀是「勤儉節約」，珍惜物資是體現這種價值觀的具體做法，而這麼做能讓他們自我感覺良好。

二、他們有強烈的匱乏感，害怕失去已經擁有的，同時又認爲自己擁有的比想要的還少，所以物品再多也得不到滿足。

三、他們退休後逐漸喪失自信，害怕未來沒有足夠的金錢購買物資，而收集物品能爲他們帶來安全感。

四、他們的需求層次較低，滿足點是「生存」，東西堪用即可，好不好用、乾不乾淨、居住環境是否因此變差，不在考量之列。

五、他們老了之後想做好事、積功德，於是住家變成了物資轉運站，希望物品可以轉贈給某個有需要的人。

六、他們的滿足點一致，而且拾荒和收集二手貨是兩人能共同參與的活動，說不定他們從中得到了你不明白的樂趣呢！

會樂此不疲，表示這麼做對他們而言利大於弊。你的滿足點可能是「舒適」和「尊重」，你認爲他們破壞居住品質，某種程度上是不尊重其他的同住者，所以期待他們能夠改變。如果你是這麼想的，我完全理解。但誠如第一章所述，一件事情必須對他們夠重要，而且他們有信心可以改變，他們才會願意改變。

在這個簡短的提問中，我看不到讓他們改變的動機。假使房子是他們所有，他們更是愛怎麼住就怎麼住，除非有天災、人禍、疾病、意外、死亡等外部驅力，否則晚輩跟他們商量的著力點很小。所以你可以怎麼辦呢？看你圖的是什麼囉！

一、圖一個安全與歸屬：你在婚前想必知道公婆家的環境如何，但你還是願意搬進去；或者公婆是後來才變成這樣的，但你還是沒搬出去。這意味著你對「安全」（穩定）和「歸屬感」的需求大於「尊重」和「美感」，而你也試圖長期地配合並融入他們。既然如此，他們又何必改變呢？

二、圖一個免費住所：你不想跟公婆同住，但礙於買不起房，或是不想付租金和小孩的保母費，於是被先生成功勸說，自願住進了夫家。你得到了你想要的，而接受糟糕的屋況就是代價。世上鮮有不必付出代價的事。你住進別人家裡，卻期待屋主為你改變，我只能說有機會，但機率極低。我向來建議打「金孫牌」，就是因為金孫和公婆至少有血緣關係，他們願意為金孫改變的動機會高一些些。

三、圖一個不被講話：或許你會說，我是因為公婆年紀大了需要照顧，才被先生說服了搬進夫家的，不然親戚會說我們不孝。既然不被講話的重要性高過你對居住品質的嚮往，與先生的情感連結也高過你對其他需求的渴望，那麼，「求仁而得仁，又何怨？」不過公婆能四處拾荒、收集二手貨，表示他們身體不差。可以的話，住在附近就近照顧，但保有各自的生活空間會是比較好的選擇。

如果你仍想賭賭看那極低的機率，不妨試著展開「非暴力溝通」，以下是對話範例：

一、**觀察且如實陳述**：「爸、媽，家裡二十五坪住了四個大人、兩個小孩。三個房間有一間是儲物間，裡面的東西已經蔓延到走道上了，連門都關不上。小孩目前跟我們睡，但是他們明年就要上小學了，會需要獨立的房間。」

二、**表達你的感受**：「家裡生不出小孩房讓我覺得很困擾、很無助。」

三、**認清自己的需要**：「東西越來越多，我有點難過，我原本期待可以跟小孩分房睡，不用四個人擠一間的。」

四、**表達明確的請求**：「我希望你們同意把儲物間清出來當小孩房，我會負責體力活，你們只要告訴我什麼要、什麼不要就好。」

在表達自己的感受並確認公婆理解之後，你不妨進一步問問他們聽完這些話的感受，以及他們認為這個想法是否可行。例如：「我想知道你們聽到這些話以後有什麼感覺，以及為什麼會有這種感覺？」或是「我想知道你們認為清空儲物間的計畫可行嗎？如果不可行，你們認為是哪裡有困難？」等得到他們的回應之後，再來思考因應的對策。

Q

我很想整理公公的東西，卻擔心整理完他又拿更多的東西回來堆。公公平日不在乎屋況，雖然過年前會花一整天打掃和整理，但時間有限只會打掃一小個區塊。和他同住已經影響到我的情緒了，連鼻子都長年過敏，怎麼辦呢？

人老了，就很難確信自己的價值，如果他一生都以生產力來評價自己的話。也因此，他拿一堆東西回家堆，可能是在宣告自己仍有獲取財物的能力，這在某種程度上能建立他的自信心。

公公不在乎屋況或是他的打掃不到位，已經是日積月累而形成的生活風格，假使他沒有改變的動機，你恐怕無法期待他會自己主動去做。這時，你只能思考你可以做些什麼來讓自己的情緒好一點，讓鼻子過敏的狀況減緩一點。**與其指望他人改變，不**

如先改變自己。別把力量交給別人。

你能做的事情有哪些呢？如果你有錢又沒有其他顧慮的話，搬出去可以立刻讓問題消失。如果你搬不出去，也可以設法跟老公取得共識，然後一起跟公公溝通，詢問他：「如果遇到需要做出取捨的物品時，我保證會先拿給你過目，你只要點點頭或搖搖頭，房子就會變清爽、變整潔，你是否同意由我全權處理打掃事宜呢？」將他內心的阻力減到最低，協商自然比較容易成功。

請記得我在第四章提及的概念，公公對屋況的要求如果只有五十分，而你的要求是八十分，那麼你爲了達到八十分屋況所做的付出，其實是爲了自己而做的。因此，不需要去埋怨公公，就當做那是在做你自己想做的事情就行了。

如果你實在不想攬起打掃全家的任務，那也沒有任何問題。你不妨在家裡開闢一塊屬於你的整潔區域，讓自己可以在那兒休息放鬆，如此將有助於維持你的情緒健康。於此同時，你也可以買一台空氣清淨機回家款待你的鼻子。

你能做的事情其實不少，請盡量對自己好一點喔！

Q 我是嫁進來的媳婦，平日跟公婆同住。他們的東西我無法處理，但短期內也無法搬家。我心裡覺得很煩，不想整理，算是有點惡性循環吧！我該怎麼辦呢？

我的核心價值觀是自由。我不可能委屈自己，長時間住在一個我不喜歡、也不太有機會改善的環境裡。所以，我很佩服你能接受這種壓力和挑戰，這種性格上的彈性是你的優勢。

我在你的提問中首先注意到的是「短期內」這三個字。老實說，這個用詞有點含糊，它是一年、兩年，還是五年、十年？煩躁個一、兩年，有度過這一、兩年的因應之道；如果預期會煩躁個五年、十年，有些原則和界線就必須適當堅守了，否則你會過得非常辛苦。

我認爲首要之務是先跟老公取得共識，釐清這個「短期」是多久。你們有共同存錢搬出去的計畫嗎？小孩出生後你們就會搬出去嗎？或者搬出去只是一塊老公畫的大餅，你的盼望根本無從落實？等有了盼頭之後，請針對存錢提出一個OKR然後確實執行，這樣你才知道你的委屈何時能有盡頭。

接著，請別讓老公置身事外，我會建議由他來擔任你和公婆之間的溝通橋梁。是他把你和公婆湊在一起生活的，他需要承擔這個責任，而且他肯定比你更了解他自己的爸媽。試著向他表達你的感受和需求，以及你在共同生活中面臨的挑戰。讓他了解你的想法，並協商出可行的解決方案。等你們夫妻倆的陣線一致了，再跟公婆溝通不遲。

你們不妨與公婆討論出家務的分配方式。個人空間自然是由使用者自行打理；公共空間則不妨依區域來畫分清潔和整理任務，例如廚房由平日習慣料理三餐的長輩主導，客廳和衛浴則由較具美感且更有體力清潔的你們來維護。而空間既然各有主導者，雙方就得商量出一個能處理的限度，並找出彼此的妥協點，例如冰箱和吊櫃裡各有一層置物空間是你跟老公專用的，而客廳展示櫃裡仍可保留公婆喜愛的某幾個擺飾等等。

嫁進去並沒有矮人一等。婚姻是雙方彼此磨合和成長的過程，而不是單方面的迎合或忍耐。你的聲音和需求同樣重要。如果你有小媳婦心態，就不容易得到夫家的平等對待。所以試著先跟老公形成意見上的共同體，再以共同體的姿態去跟公婆溝通。無論如何，你至少得知道自己再忍多久才能脫身不是嗎？

Q 婚後可能要搬去對方的家跟長輩同住。那個家是對方生活幾十年的地方，我什麼東西都動不了，想整理一下也很怕會引發衝突，因為長輩的居住環境稍有變動都可能影響他的心情和生活。我未來只有一個跟老公共用的房間可以稍微掌握，但我們沒有另外出去住的打算，這樣我該如何自處呢？

有些夫妻可能比較容易適應與公婆同住，但對其他人來說，保持獨立會是更好的選擇。我不知道你的核心價值觀是什麼，你和公婆是否擁有共同的文化、價值觀和生活習慣？與公婆同住是否牴觸你的人生規畫？這是生活模式上的徹底轉變，建議你多多評估與公婆同住的長期影響，例如家庭角色、家務分工、財務分攤、生活品質、親密關係，和子女未來的教養方式等等。

不過，既然你們小倆口沒有自己住的打算，我就姑且當做你已經思考過上述的所有面向了。如果確定要搬進去，那就看你圖的是什麼。權衡一下你得到的能不能彌補你失去的，如果可以彌補，請接受現實，這有助於減少你內心的煩燥和焦慮。但我還是想跟你分享一個鬼故事：

小潔婚後住進公婆家，睡在老公原本的臥室裡，跟你目前預期的處境一樣。兩人份的物品讓房間稍嫌擁擠，她過去的收藏無處可放，只能一直堆在父母家裡。新婚的甜蜜讓她對局促的空間沒有太多意見，但隨著三個孩子相繼誕生，這種一家五口必須窩居一個房間，放眼望去全是玩具、繪本、衣物和各種備品的生活，開始令她感到窒息。可是她老公只要待在電腦桌前打遊戲，就能對一切亂象視而不見。

每次聽到這種故事，我都想問，難道結婚是爲了讓自己過這種生活？但我無法插手別人的人生，因此當這類苦主問我該如何解決收納難題時，只能就她們極其有限的空間條件，給一些治標不治本的建議而已。建議她們垂直收納？她們早就把每一寸牆面都給用盡了。建議她們斷捨離？她們已經盡可能地捨棄物品了，無奈空間就是這麼小，即使她們並不奢求有個自己的小角落，但讓孩子們另住一房往往也是空想。

室內設計師和整理師不是魔術師。我們可以讓空間貌似放大一倍，但我們無法讓空間坪數實實在在地多出一倍。有時，一些住進公婆家的媳婦會無奈地告訴我，等公婆哪天往生了，或許小孩就能有自己的房間了。我聽了只感到悲傷。當你將生活品質寄託在對方的死亡上時，我不理解你要如何心平氣和地跟對方一起生活。這已經不是整理收納的問題了，這是婚姻問題，也是生而爲人的基本需求問題。

未來只有一個跟老公共用的房間，請先確保你不會落入跟小潔一樣的困境再談其他。如果你們已經有因應小孩出生的居住劇本了，那麼針對「只有」兩人共用的房間，建議你先跟老公討論這個空間的使用規範，例如：個人物品量在房間內的占比、收納系統的規畫、共用的家具選擇、室內風格的呈現等等。請記住，那是你們兩人共有的房間，而不是你住進了「他的」房間。

至於公共區域，不妨就當做你在住民宿吧！公婆就是你的房東兼室友。公共區域的家具和擺設，展現的是房東的個人品味，你雖然插不上手，但你至少可以維持整潔，例如看完電視、吃完零食之後，順手把自己製造的垃圾清空，把抱枕擺正。如果你和公婆協調出在家務上的分工模式，那就當做你是在打工換宿。用房客的心情，以尊重且平等的態度對待房東，相信你的壓力和執著也會跟著變小。

Q 我們一家四口跟長輩住，小孩沒有個人空間，只能在客廳玩，所以客廳常有各種他們沒歸位的文具和玩具。我要如何讓他們歸位呢？

根據我對上千名學員的觀察，媽媽們在忙於家務時還是會想盯著小孩，因此往往要求小孩把玩具帶到她們視線所及的地方玩。這意味著，即使小孩有個人空間甚至專屬的遊戲室，他們通常還是會在公共區域畫畫和玩耍。如果小孩有個人空間，活動結束後自然是將物品收回他們的區域；如果小孩沒有個人空間，按就近收納的原則，把文具和玩具收納在你家客廳會是最合理的選擇。

要讓小孩將文具和玩具歸位，首先得讓那些物品有家可歸，所以請和長輩協調出客廳裡的一個區域供金孫使用，然後爲他們準備適合的收納工具。容我再提醒一次，無論如何，在購買收納工具前請先精簡物品。以下是幾個挑選兒童收納工具時的大原則：

一、在規畫收納系統和選擇家具時，必須考量到小孩的身高和視線。你不妨跪下來，用他的視野高度爬一圈，這樣比較能夠掌握他們對環境的感知。

二、收納工具必須能夠輕鬆開闔。如果收納櫃的門片太大或太重，以小孩的手勁開不了，基本上這是在增加他物歸原位的難度。因此請不要隨意地團購或上網買，讓小孩在賣場實際開開看，你才知道他是否能夠順暢、順手地使用。

三、準備能讓小孩一次搬運多件物品的工具。例如提籃、推車或是小拖車。在他玩玩具、讀繪本或是畫畫結束之後，不妨請他將物品集中，扮演整理高手把東西放進籃子提回去歸位，或是扮演司機把物品妥善地運回原位。

四、降低收玩具的門檻。如果小孩必須先將玩具裝回原本的紙盒、來回跑N趟、打開櫃門再拉開抽屜才能把玩具收好，他的意願自然不高。如果他在集中搬運之後，只要簡單分類就能直接倒進桶子或是拉籃裡頭，他的意願就會提高許多。

五、為了降低視覺噪音，收納工具請挑選白色、淺木色，或是能與客廳色系搭配的顏色。尤其是收納抽屜，請避免購買每個抽屜顏色都不同的款式。玩具和文具本身已經夠繽紛了，就盡量別給客廳添亂了吧！

六、收納本身可以遊戲化。例如在分類收納籃上標記不同的小貼紙，在玩具上也有相對應的小貼紙，小孩在物歸原位時可以玩配對遊戲。又或者每台小車車在層板上都有專屬的停車格，讓歸位變成停車遊戲也挺有趣的。

七、如果將物品歸位之後，小孩可以累積點數或是得到獎勵，他們會更有動力配合執行。這部分就看各位家長的創意了。

Q 爸媽都有囤積症，感覺除了搬出去之外已經無路可退。可是礙於經濟因素，要搬出去很難，不知道有沒有解法？

很遺憾你感覺自己沒有退路，但我完全可以理解你的心情。既然你認定搬出去是唯一選項，那就把它當成一個明確目標，想辦法加以實現如何？坦白說，你會認爲「搬出去很難」，就跟覺得家裡亂到無從下手整理的人一樣，只是缺乏計畫而已。現在你有兩種工具，一種是ＯＫＲ，一種是ＷＯＯＰ，不如我們就將兩者結合，試著寫出一個能讓你搬出去的行動方案吧！以下是虛擬案例示範：

現況：月薪三萬五的網站美編，愛打扮，是平時吃家裡、住家裡，但沒有存款的月光族。工作上沒有太大的挑戰性，好處是每天都可以準時下班。

目標（Ｏ）：克服經濟因素，順利在半年內搬出去，執行期間是即日起至六個月後，階段性的關鍵結果（ＫＲ）可能是：

- ＫＲ１：在計畫開始的一週內，找出能兼顧通勤需求的居住區域。上網研究該區域的租屋行情，確認可負擔的租金區間，計算出此金額與實際經濟能力的差距。
- ＫＲ２：在計畫開始的兩週內，為此差距擬定節流和開源計畫，並且立刻開始執行。
- ＫＲ３：在計畫開始的六個月內存到至少半年的生活費（包括首月租金、可能要負擔的仲介費和兩個月押金），每半個月檢視一次。
- ＫＲ４：在最後一週搬家。

實際計算後，你可能會鎖定某個區域租金八千元左右的七坪小套房，但是別忘了政府有針對未滿四十歲的單身者提供租金補助，所以你實際上要付出的租金可能只有六千元。但是搬出去之後，水、電、瓦斯、網路與三餐必須自理，因此每月吃加住的開銷暫時先以一萬五千元計算。基於上述條件，你的行動方案可能是：

- 每個月要多存一萬五，預計縮減娛樂開支可月省兩千，縮減美容開支可月省兩千，縮減逛街購衣支出可月省三千，減少購入零食和手搖飲可月省一千五，全勤可多領一千五，故每個月需多賺五千。
- 在六個月內將物品減量到能全部放進一間七坪以內的小套房。
- 最後半個月積極看房，隨時可以下訂搬家。

如果希望行動方案更加明確，可以再往下制定細項任務。例如：

- 減少物品：將鞋子精簡到十雙以內，衣服五十件以內，書籍一百本以內。
- 減少娛樂：取消訂閱功能重複的APP和網路服務。
- 減少美容：自己洗頭，取消美甲預約。

・減少零食和外食：平日帶便當，每週三啓動「零元日」計畫，全天不消費。改喝公司茶包，半年內不跟公司的零食團購。

・避免遲到：將起床鬧鐘調早半個小時。

・每個月多賺五千：尋求網頁設計的兼職工作。

接著把你預期可能會遭遇到的障礙逐條列出，然後加上若則計畫，並在心中重覆數次。

・如果我無法精簡東西，我就請小青來家裡協助我進行篩選。

・如果遇到APP無法取消訂閱的情況，我就把扣款用的信用卡註銷。

・如果我很容易把鬧鐘按掉繼續睡，我就設定三個鬧鈴時間。

・如果我找不到網頁設計的工作，我就想辦法接替商品修圖的案子。

看完以上範例，是不是覺得搬出去沒有想像中那麼難了呢？只要按照行動方案執行，遇到障礙就採用若則計畫，半年後你就能存到一筆費用搬出家門了。或許你覺得縮減開支會降低生活品質，這就要看你是想繼續跟大量雜物生活，還是想擺脫雜物、打造自己的清爽小窩了。再說一次，達成夢想必須付出代價，天底下沒有不勞而獲的事。

結語

擺脫依賴的人生

在日本有所謂「夫源病」和「疲於父母症候群」的說法，這兩者都是由日本醫師暨中老年身心專家石藏文信所提出。他將自己在門診中觀察到的現象寫成著作發表，引起了廣泛的迴響。很多妻子說：「沒錯，我的身心疾病來源就是老公。」也有不少子女說：「是的，與父母相處的壓力令我們身心俱疲，元氣耗盡。」

在我爲本書進行的問卷調查中，有超過八成的人，認爲父母和伴侶是自己在整理收納方面的豬隊友，對照石藏醫師的觀察，似乎並不教人意外。他認爲：「『家庭』這種人際關係，只靠自己的意志力是很難去改變的。」而且，「只要是身爲人妻，無論是誰，全都有可能罹患夫源病。」換句話說，當你太在意長輩和老公的想法和行爲，太執著於配合他們、糾正他們或是矯治他們時，你通常只會感到痛苦。

我猜很多人拿起這本書，是爲了得到一個像魔法般、只要用在同住者身上就能立刻見效的解答：我只要給老公灌個迷湯，他就會隨手收拾，從此樂在整理；我只要對長輩說幾句咒語，他們就會痛改前非，清除家中所有的雜物。但是世上沒有這種解決方案。他們的想法和行爲各自有其錯綜複雜的生成脈絡，在沒有動機、沒有誘因、沒有壓力，也沒有急迫性的情況下，他們不太可能爲了你或因爲某種靈丹妙藥就瞬間轉性。

另一方面，我認爲降低對家人的標準可以大大減輕雙方的壓力。如果你要求伴侶會賺錢、會做家事、會陪小孩、會照顧長輩、能療癒自己，最好還能保有初相識時的外貌條件；如果你期待長輩身體硬朗、腦袋與時俱進、有生活重心、能隨時接手帶孫子，最好還有財力提供金援，那麼以失望收場可以說是百分之百。更別提你還奢望伴侶或長輩是你的斷捨離同好，在清除雜物時可以很「阿沙力」，在維持屋況時可以一絲不苟了，這種天使般的家人根本世間難尋。

容我提醒大家，家人也是普通人。在你的一大串理想裡，他們有做到其中兩樣就已經很値得讚賞了，如果整理技能還得合乎你的標準，會不會有點強人所難？整理是選項，不是責任。你可以熱愛整理，卻無法要求家人必須整理。你只能透過溝通，試著說服家人共同維持屋況而已。儘管溝通不見得能夠促成改變，但這不表示你就必須忍受混亂的屋況，更不代表你的需求就只能被他們長期無視。

貫穿整本書，我強調的論點一直都是，無論家人願不願意改變，你都可以先改變自己。只要能找到整理的目標、動機、驅力和方法，透過整理的成果一步步增加自我效能感，你在面對因爲家人而造成的整理關卡時，將會有越來越不一樣的心態和感受。你會知道自己無論如何都可以做些什麼來改善現狀，而不是只能哀歎自己的無能爲力然後坐以待斃。當你的能力夠強了，資源累積得夠多了，屆時反轉局面也不是沒有可能。

只要與他人同住，整理就不單單是整理的問題而已，它涉及了關係與權力，而權力大多與財力相關。在《夫源病》一書中，石藏醫師披露了丈夫最讓妻子受不了的一句話：「你以爲你是靠誰吃飯的啊？」這些婚後放棄工作的女性，後來每每面臨這樣的言詞羞辱。同樣地，住在家裡的子女們，只要在經濟上不夠獨立，就無法不被父母控制或干涉，更無法逃離父母帶來的負面影響。在這種情況下，想以依賴者的身分說服對方清除雜物、維持屋況，可以說是痴心妄想。

小雅便是一例。她結婚時剛好處於待業狀態，但老公並沒有催她上班，她於是在屋況亂糟糟的夫家，過起了被婆婆認爲是「遊手好閒」的生活。小雅的理由是，她無法插手整理，所以乾脆不做不錯。可是幾個月後，婆婆開始譏諷她是米蟲，她不甘受辱，即刻重回職場，還兼職做起了進口商品的團購。沒多久，她的收入就比老公多出一截。從此婆婆的氣焰明顯收斂，現在雙方已經可以用比較平等的姿態討論屋況問題了。

說來現實，但存款就是底氣。當你有轉身離開的餘裕時，面對他人造成的整理關卡，你就能將它視爲一個有選擇、可談判的情境，而非身陷其中、無力回天的一場僵局。你可以採買你想要的收納用品，不必當個伸手牌；你可以握著籌碼跟伴侶討論家事分工，不必扛下所有家務；你可以搬進租處或自宅，不必忍受長輩的品味和冗物；你還可以請整理師到府服務，那些你不想獨自經歷的整理過程，全部都能找人代勞。

但是有了存款，問題就能迎刃而解嗎？事實上，存款只是第一步。除了存款，你還要有被討厭的勇氣。

小晴是家中的經濟主力。她老公辭職在家玩期貨，賺錢的次數不多，賠錢倒是家常便飯。她不僅要負擔兩個人的所有開銷，各種家事和屋況的維持也由她一手包辦。我問她爲什麼要忍耐這種婚姻和生活品質，她說老公的情緒起伏頗大，雙方對話很容易發生衝突，再加上媽媽的觀念傳統，要求她結了婚就不能離婚，她擔心如果請老公回去上班或是分擔家務，老公不開心會跟她提分手，所以只能委曲求全地過日子。

小晴不想被老公討厭，也不想讓媽媽失望。她渴望獲得他人的認同，因此她即便握有資源，卻依然循著他人的期待而過著苦情的生活。如果她想突破整理的關卡，就必須做到「精神上的自立」，不再依賴別人的評價，也不靠別人決定自己的價值。山下英子說過：**「斷捨離的精髓，就是擺脫依賴的人生。」**不管在物質上、經濟上或精神上都是如此。

我不是要勸各位搬家或分手，而是當你在各個方面都有「餘裕」、知道自己無論如何都有「退路」時，看待事情的眼光也將有所不同，而且你的自信心會顯化出非常不一樣的結果。

前面提過，豬隊友除了自己，沒有別人。因爲沒有動力、不知從何開始、捨不得丟又不會收納的人，終究是自己；持續將就混亂的屋況、對伴侶和家人束手無策、接受與長輩同住並長期忍耐的人，也是你自己。你是有選擇的，你從來不是受害者。然而，你也不必因此就譴責自己，在你接觸這本書之前，我相信你已經盡了自己最大的努力。

在人生這場遊戲中，每個人都有自己選擇的戰場和必須面對的怪物。你可以一直抱怨怪物的侵擾和攻擊，眼看著自己的「血條」（生命值）持續下降卻什麼都不做，也可以想辦法消滅或降服怪物，把牠變成盟友或坐騎。當你接受了怪物的存在，試著鍛鍊技能、強化裝備，並享受打怪升級的過程時，整理就會變成一場有趣的戰鬥，而不是一件吃力不討好的麻煩事。但是如果你不想戰鬥了，那就試著備妥離開所需的能力和資源吧！換個戰場並不可恥，有時它的難度遠比留在原地還要高。

總之，謝謝你願意讀到這裡，希望這本書有帶給你一些靈感和安慰。如果你因為這本書而突破關卡，我會感到非常榮幸；如果你因為這本書而升起出走的勇氣，我也會為你加油打氣。這一切之所以發生，是因為你做出了選擇。你沒有被負面想法和限制性的信念給打敗，相反地，你選擇成為更好版本的自己，並且不斷取得有意義的進步。

當整理卡關時，正是你面對問題背後的問題，讓你對自己的能力改觀的開始！請相信你有無限的可能性。最重要的是，你正在創造夢想中的未來。

人名及專有名詞
中英對照一覽

第一關「動機」：
為什麼缺乏整理動機，知道方法卻提不起勁？

自我效能（self-efficacy）
班杜拉（Albert Bandura）
雜物盲（clutter blindness）
自我實現的預言（self-fulfilling prophecy）
薩拉斯．吉凡（Sharath Jeevan）
減害（harm reduction）

第二關「共識」：
同住之人的觀念不同，難達成共識的溝通法

亞伯拉罕．馬斯洛（Abraham Maslow）
米哈里．契克森米哈伊（Mihaly Csikszentmihalyi）
馬歇爾．盧森堡（Marshall B. Rosenberg）
阿爾弗雷德．阿德勒（Alfred Adler）

第三關「計畫」：
亂到無從下手時，建立取捨框架、設定目標

愛德溫・洛克（Edwin A. Locke）
蓋瑞・萊瑟姆（Gary Latham）
遠大變革性目的（Massive Transformative Purpose，MTP）
崇高困難目標（High Hard Goals，HHG）
明確目標（Clear Goals）
艾靈頓公爵（Duke Ellington）
安迪・葛洛夫（Andy Grove）
蓋兒・馬修斯（Gail Matthews）

第四關「心結」：
捨不得丟、送不出去，斷捨離的情感糾結

稟賦效應（endowment effect）
理查・塞勒（Richard H. Thaler）
丹尼爾・康納曼（Daniel Kahneman）
丹・艾瑞利（Dan Ariely）
攪拌（churning）
沉沒成本（sunk cost）
阿莫斯・特沃斯基（Amos Tversky）
損失規避（loss aversion）
維琴尼亞・薩提爾（Virginia Satir）
冰山理論（Iceberg Theory）

第五關「激勵」：

整理是選項，不是責任，不需要做到心累

決策疲勞（decision fatigue）

羅伊・鮑梅斯特（Roy Baumeister）

自我耗損（ego depletion）

升糖指數（glycemic index）

加布里艾兒・歐廷珍（Gabriele Oettingen）

心智對比（mental contrasting）

觀想（visualize）

喬・迪斯本札醫師（Dr. Joe Dispenza）

內心預演（mental rehearsal）

若則計畫（if-then planing）

倖存者偏差（survivorship bias）

卡繆（Albert Camus）

露易絲・賀（Louise Hay）

彼得・魏爾許（Peter Walsh）

第七關「自在」：

缺乏空間自主權，也能與同住之人和平共處

自我分化（differentiation of the self）

習得性無助（learned helplessness）

國家圖書館出版品預行編目資料

當整理卡關時：獨居、同住都能實踐的零雜物生活／Phyllis 著.
-- 初版. -- 臺北市：方智出版社股份有限公司，2024.04
272面；14.8×20.8公分. --（方智好讀；169）
ISBN 978-986-175-784-1（平裝）

1. CST：家庭布置　2. CST：簡化生活　3. CST：生活指導

422.5　　113000297

Eurasian Publishing Group 圓神出版事業機構　方智出版社 Fine Press

www.booklife.com.tw　　reader@mail.eurasian.com.tw

方智好讀 169

當整理卡關時：獨居、同住都能實踐的零雜物生活

作　　者／Phyllis
發 行 人／簡志忠
出 版 者／方智出版社股份有限公司
地　　址／臺北市南京東路四段 50 號 6 樓之 1
電　　話／（02）2579-6600．2579-8800．2570-3939
傳　　真／（02）2579-0338．2577-3220．2570-3636
副 社 長／陳秋月
副總編輯／賴良珠
主　　編／黃淑雲
責任編輯／林振宏
校　　對／李亦淳．林振宏
美術編輯／金益健
行銷企畫／陳禹伶．鄭曉薇
印務統籌／劉鳳剛．高榮祥
監　　印／高榮祥
排　　版／陳采淇
經 銷 商／叩應股份有限公司
郵撥帳號／ 18707239
法律顧問／圓神出版事業機構法律顧問　蕭雄淋律師
印　　刷／國碩印前科技股份有限公司
2024 年 4 月　初版

定價 430 元　　ISBN 978-986-175-784-1